中国中药资源大典
——中药材系列
中药材生产加工适宜技术丛书
中药材产业扶贫计划

冬凌草生产加工适宜技术

总 主 编　黄璐琦
主　　编　陈随清
副 主 编　苏秀红

中国医药科技出版社

内容提要

《中药材生产加工适宜技术丛书》以全国第四次中药资源普查工作为抓手，系统整理我国中药材栽培加工的传统及特色技术，旨在科学指导、普及中药材种植及产地加工，规范中药材种植产业。本书为冬凌草生产加工适宜技术，包括：概述、冬凌草药用资源、冬凌草栽培技术、冬凌草特色适宜技术、冬凌草药材质量评价、冬凌草现代研究与应用等内容。本书适合中药种植户及中药材生产加工企业参考使用。

图书在版编目（CIP）数据

冬凌草生产加工适宜技术 / 陈随清主编 . — 北京：中国医药科技出版社，2018.7

（中国中药资源大典 . 中药材系列 . 中药材生产加工适宜技术丛书）

ISBN 978-7-5214-0342-8

Ⅰ . ①冬…　Ⅱ . ①陈…　Ⅲ . ①草本植物—药用植物—栽培技术 ②草本植物—药用植物—中草药加工　Ⅳ . ① S567.2

中国版本图书馆 CIP 数据核字（2018）第 119731 号

美术编辑　陈君杞
版式设计　锋尚设计

出版　中国医药科技出版社
地址　北京市海淀区文慧园北路甲 22 号
邮编　100082
电话　发行：010-62227427　邮购：010-62236938
网址　www.cmstp.com
规格　710 × 1000mm　1/16
印张　6
字数　53 千字
版次　2018 年 7 月第 1 版
印次　2018 年 7 月第 1 次印刷
印刷　北京盛通印刷股份有限公司
经销　全国各地新华书店
书号　ISBN 978-7-5214-0342-8
定价　28.00 元

序

我国是最早开始药用植物人工栽培的国家，中药材使用栽培历史悠久。目前，中药材生产技术较为成熟的品种有200余种。我国劳动人民在长期实践中积累了丰富的中药种植管理经验，形成了一系列实用、有特色的栽培加工方法。这些源于民间、简单实用的中药材生产加工适宜技术，被药农广泛接受。这些技术多为实践中的有效经验，经过长期实践，兼具经济性和可操作性，也带有鲜明的地方特色，是中药资源发展的宝贵财富和有力支撑。

基层中药材生产加工适宜技术也存在技术水平、操作规范、生产效果参差不齐问题，研究基础也较薄弱；受限于信息渠道相对闭塞，技术交流和推广不广泛，效率和效益也不很高。这些问题导致许多中药材生产加工技术只在较小范围内使用，不利于价值发挥，也不利于技术提升。因此，中药材生产加工适宜技术的收集、汇总工作显得更加重要，并且需要搭建沟通、传播平台，引入科研力量，结合现代科学技术手段，开展适宜技术研究论证与开发升级，在此基础上进行推广，使其优势技术得到充分的发挥与应用。

《中药材生产加工适宜技术》系列丛书正是在这样的背景下组织编撰的。该书以我院中药资源中心专家为主体，他们以中药资源动态监测信息和技术服务体系的工作为基础，编写整理了百余种常用大宗中药材的生产加工适宜技术。全书从中药材的种植、采收、加工等方面进行介绍，指导中药材生产，旨在促进中药资源的可持续发展，提高中药资源利用效率，保护生物多样性和生态环境，推进生态文明建设。

丛书的出版有利于促进中药种植技术的提升，对改善中药材的生产方式，促进中药资源产业发展，促进中药材规范化种植，提升中药材质量具有指导意义。本书适合中药栽培专业学生及基层药农阅读，也希望编写组广泛听取吸纳药农宝贵经验，不断丰富技术内容。

书将付梓，先睹为悦，谨以上言，以斯充序。

中国中医科学院 院长

中 国 工 程 院 院士 张伯礼

丁酉秋于东直门

总前言

中药材是中医药事业传承和发展的物质基础，是关系国计民生的战略性资源。中药材保护和发展得到了党中央、国务院的高度重视，一系列促进中药材发展的法律规划的颁布，如《中华人民共和国中医药法》的颁布，为野生资源保护和中药材规范化种植养殖提供了法律依据；《中医药发展战略规划纲要（2016—2030年）》提出推进“中药材规范化种植养殖”战略布局；《中药材保护和发展规划（2015—2020年）》对我国中药材资源保护和中药材产业发展进行了全面部署。

中药材生产和加工是中药产业发展的“第一关”，对保证中药供给和质量安全起着最为关键的作用。影响中药材质量的问题也最为复杂，存在种源、环境因子、种植技术、加工工艺等多个环节影响，是我国中医药管理的重点和难点。多数中药材规模化种植历史不超过30年，所积累的生产经验和研究资料严重不足。中药材科学种植还需要大量的研究和长期的实践。

中药材质量上存在特殊性，不能单纯考虑产量问题，不能简单复制农业经验。中药材生产必须强调道地药材，需要优良的品种遗传，特定的生态环境条件和适宜的栽培加工技术。为了推动中药材生产现代化，我与我的团队承担了农业部现代农业产业技术体系“中药材产业技术体系”建设任务。结合国家中医药管理局建立的全国中药资源动态监测体系，致力于收集、整理中药材生产加工适宜技术。这些适宜技术限于信息沟通渠道闭塞，并未能得到很好的推广和应用。

本丛书在第四次全国中药资源普查试点工作的基础下，历时三年，从药用资源分布、栽培技术、特色适宜技术、药材质量、现代应用与研究五个方面系统收集、整理了近百个品种全国范围内二十年来的生产加工适宜技术。这些适宜技术多源于基层，简单实用、被老百姓广泛接受，且经过长期实践、能够充分利用土地或其他资源。一些适宜技术尤其适用于经济欠发达的偏远地区和生态脆弱区的中药材栽培，这些地方农民收入来源较少，适宜技术推广有助于该地区实现精准扶贫。一些适宜技术提供了中药材生产的机械化解决方案，或者解决珍稀濒危资源繁育问题，为中药资源绿色可持续发展提供技术支持。

本套丛书以品种分册，参与编写的作者均为第四次全国中药资源普查中各省中药原料质量监测和技术服务中心的主任或一线专家、具有丰富种植经验的中药农业专家。在编写过程中，专家们查阅大量文献资料结合普查及自身经验，几经会议讨论，数易其稿。书稿完成后，我们又组织药用植物专家、农学家对书中所涉及植物分类检索表、农业病虫害及用药等内容进行审核确定，最终形成《中药材生产加工适宜技术》系列丛书。

在此，感谢各承担单位和审稿专家严谨、认真的工作，使得本套丛书最终付梓。希望本套丛书的出版，能对正在进行中药农业生产的地区及从业人员，有一些切实的参考价值；对规范和建立统一的中药材种植、采收、加工及检验的质量标准有一点实际的推动。

2017年11月24日

前 言

自冬凌草的药用价值从民间发掘以来，有关冬凌草的研究报道也逐渐增多，内容涉及各个方面，如冬凌草化学成分的分离鉴定、冬凌草的药理作用、冬凌草的栽培及采收加工技术、冬凌草生物技术的研究及冬凌草经济价值的研究等。为了使广大读者对冬凌草这一药用资源有个系统、全面的了解与认识，作者在编写本书过程中参考了国内外研究者编写的有关冬凌草的书籍及文献资料，从冬凌草的植物学特征、生物学特性、地理分布、栽培及特色适宜技术、药材质量等方面对冬凌草进行了详细的介绍。本书共分6章，陈随清教授负责本书内容编排、任务分工、校稿等工作。第1章概述、第2章冬凌草药用资源、第3章冬凌草栽培技术中的种子、种苗繁育由苏秀红、李庆磊老师编写；第3章冬凌草栽培技术中的采收与产地加工技术、第4章冬凌草特色适宜技术由乔璐老师编写；第5章冬凌草药材质量评价由裴莉昕、陈艺鄰编写；第6章冬凌草现代研究与应用由陈燕及夏伟老师编写。

由于编者水平所限，书中存在的疏漏与不足之处，恳请读者、专家提出宝贵意见。

编者

2017年12月

目 录

第1章

概　述

冬凌草为唇形科香茶菜属多年生植物碎米桠*Rabdosia rubescens*（Henmsl.）Hara的地上部分。味苦，性微寒，具清热解毒、消炎止痛及抗肿瘤之功效。临床报道其水及醇提取物对贲门癌、肝癌、乳腺癌有一定疗效。该植物最早记载于明代朱橚所著《救荒本草》中。书中附以说明："生田野中，茎方、容面四棱，开粉紫花，叶味苦"，之后历代本草未见收载。直至1972年首先发现在河南省济源市的太行、王屋山区，当地民间以泡茶、煮水的形式服用冬凌草，用于治疗咽喉肿疼、食管癌等，已有50余年历史，由于疗效显著引起了河南省医药行业科研人员的高度重视。河南医学科学研究所张覃沐与王瑞林教授合作对冬凌草进行了植物分类学研究，经鉴定该植物为唇形科香茶菜属碎米桠*Rabdosia rubescens*（Hemsl.）Hara。1975年出版的《全国中草药汇编》将冬凌草收载，《中华人民共和国药典》（1977年版）也将其收载。1991年我国卫生部部颁《中药材标准》将其地上部分作为中药材。

冬凌草主要分布于我国河南、山西、陕西、贵州等地，主产于太行山区。由于疗效显著，冬凌草受到了广大医药工作者的重视与深入研究。对冬凌草的化学成分、药理作用及临床疗效研究发现冬凌草中的主要抗癌、抗菌活性成分为二萜类化合物（冬凌草甲素、冬凌草乙素）和多酚类化合物迷迭香酸等。随着冬凌草经济、药用价值的不断发现与认识，冬凌草逐渐成为临床常用药材并且以冬凌草为主要原料的中成药种类越来越多，对冬凌草的研究报道也逐渐增多，多集中于化学成分的分离鉴定、药理作用、栽培技术、采收加工、遗传多样性、生物技术及不同地区冬凌草质量差异等方面。除药用价值外，农林科技人员发现冬凌草是开发山区治理水土流失的很好的水土保持植物，这些研究极大程度上完善了对冬凌草的认识。

第2章

冬凌草药用资源

一、形态特征及分类检索

1. 形态特征

冬凌草［碎米桠*Rabdosia rubescens*（Hemsl.）Hara］为唇形科，香茶菜属多年生植物，小灌木，高0.3（0.5）~1（1.2）m；根茎木质，有长纤维状须根。茎直立，多数，基部近圆柱形，灰褐色或褐色，无毛，皮层纵向剥落，上部多分枝，分枝具花序，茎上部及分枝均四棱形，具条纹，褐色或带紫红色，密被小疏柔毛，幼枝极密被绒毛，带紫红色。叶对生，卵圆形或菱状卵圆形，长2~6cm，宽1.3~3cm，先端锐尖或渐尖，后一情况顶端一齿较长，基部宽楔形，骤然渐狭下延成假翅，边缘具粗圆齿状锯齿，齿尖具胼胝体，膜质至坚纸质，上面橄榄绿色，疏被小疏柔毛及腺点，有时近无毛，下面淡绿色，密被灰白色短绒毛至近无毛，侧脉3~4对，两面十分明显，脉纹常带紫红色；叶柄连具翅假柄在内长1~3.5cm，向茎、枝顶部渐变短。聚伞花序为3~5花，最下部者有时多至7花，具长2~5mm的总梗，在茎及分枝顶上排列成长6~15cm狭圆锥花序，总梗与长2~5mm的花梗及序轴密被微柔毛，常带紫红色；苞叶菱形或菱状卵圆形至披针形，向上渐变小，在圆锥花序下部者超出于聚伞花序，在上部者则往往短于聚伞花序很多，先端急尖，基部宽楔形，边缘具疏齿至近全缘，具短柄至近无柄，小苞片钻状线形或线形，长达1.5mm，被微柔

毛。花萼钟形，长2.5～3mm，外密被灰色微柔毛及腺点，明显带紫红色，内面无毛，10脉，萼齿5枚，微呈3/2式二唇形，齿均卵圆状三角形，近钝尖，约占花萼长之一半，上唇3齿，中齿略小，下唇2齿稍大而平伸，果时花萼增大，管状钟形，略弯曲，长4～5mm，脉纹明显。花冠长约7mm，有时达12mm，但也有雄蕊退化的花冠变小，长仅5mm，外疏被微柔毛及腺点，内面无毛，冠筒长3.5～5mm，基部具上方浅囊状突起，至喉部直径2～2.5mm，冠檐二唇形，上唇长2.5～4mm，外反，先端具4圆齿，下唇宽卵圆形，长3.5～7mm，内凹。雄蕊4枚，略伸出，或有时雄蕊退化而内藏，花丝扁平，中部以下具髯毛。花柱丝状，伸出，先端相等2浅裂。花盘环状。小坚果倒卵状三棱形，长1.3mm，淡褐色，无毛。花期7～10月，果期8～11月，如图2-1、图2-2、图2-3所示。

图2-1　冬凌草植株

图2-2　冬凌草花

图2-3　冬凌草果期

每年霜降后，冬凌草的茎叶自上而下凝结一层冰凌，银光闪闪，阳光照而不化，风沙吹而不落。故冬凌草又名冰凌草、冻凌草、延命草、六月雪。为一变异幅度极大的种，变化最大的是叶形、叶被毛的情况及幼枝毛茸的多少。

在化学成分上，分类学家将河南省所产冬凌草分为三个变种、两个变型。即碎米桠，其两个变型为碎米桠（原变型）和鲁山香茶菜（新变型），冬凌草（新变种）和卢氏香茶菜（新变种）。另外，贵州冬凌草与卢氏香茶菜同属一个类型。其依据可能是河南省不同产地的冬凌草所含二萜类成分可分成三个类型：即分别以C-20位未被氧化的对映-贝壳杉烷类、7,20-环氧型对映-贝壳杉烷和6,7-断裂型对映-贝壳杉烷类二萜化合物。

中国科学院昆明植物研究所孙汉董院士从化学分类的角度对冬凌草做了大量研究工作，他发现冬凌草的主要有效化学成分对映–贝壳杉烷类二萜化合物。在不同产地的样品中，有着不同的结构类型，或者个别产地的冬凌草具有其他产地所没有的特殊成分，这些化学成分上的多样性，几乎相当于同属异种间的差异。在此基础上，他把不同产地的冬凌草分为四个品种。

①鹤壁和济源的冬凌草　均主要含有7,20–环氧对映–贝壳杉烷类二萜衍生物，但是两地所产冬凌草又分别含有各自独特的化学成分：济源冬凌草含有新化合物有10种，分别被命名为冬凌草素F–O和冬凌草素I的丙酮缩合物，其中一种为新奇的20–降对映–贝壳杉烷类二萜；鹤壁冬凌草所含成分除与济源产冬凌草中相同的以外，另有10种，分别被命名为冬凌草素P–V、冬凌草素J及lasiodonin的丙酮缩合物。其中一种新化合物具有15,16–断裂对映–贝壳杉烷新骨架；两种新化合物为8,15–断裂–对映–贝壳杉烷骨架，为首次从香茶菜属中发现；另外还发现了一种典型的具有H–8a的对映–松香烷二萜新化合物。综合结果表明两地所产冬凌草应属同一种植物*Rabdosia rubescens* var. taihangensis.

②河南卢氏和贵州施秉产冬凌草　主要含6,7–断裂对映–贝壳杉烷类二萜化合物，及卢氏冬凌草素C–J（ludongnins C–J），应为*Rabdosia rubescens* var. lushiensis.

③从栾川和鲁山冬凌草各发现了冬凌草素Z（rubescensin Z），以及鲁山冬

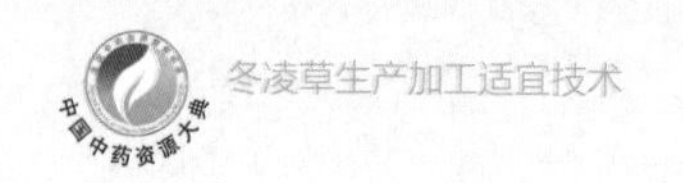

凌草素F–J（lushanrubescensins F–J）等新化合物。其中一种新化合物为该属植物中发现的第一个6,7–断裂–对映–贝壳杉烷类二萜化合物的二聚体。综合结果表明二者应属同一植物*Rabdosia rubescens* var. *rubescens* f. *lushanensis.*

④信阳冬凌草　主要含有C–20未氧化的对映–贝壳杉烷类二萜化合物，并首次在香茶菜属植物中发现了二萜单元直接以碳碳键相连的对映–贝壳杉烷类类二萜化合物的二聚体，应属*Rabdosia rubescens* var. *rubescens* f. *rubescens*。

2. 分类检索（部分香茶菜属）

冬凌草基原植物及其近缘植物分类检索表

1　萼具相等5齿，通常直立。

2　叶披针形至狭披针形，长3.5～13cm，宽1～2cm，先端长渐尖，基部楔形至狭楔形；萼齿披针形，锐尖；小坚果顶端被微柔毛……………………………………………… **1.显脉香茶菜*Rabdosia nervosa*（Hemsl.）C. Y. Wu et H. W. Li**

2　叶阔卵形、卵状圆形、卵形或卵状披针形，但绝不呈狭披针形。

3　聚伞花序分枝叉开，组成顶生庞大疏散圆锥花序；果萼阔钟形，长4～5mm，直径约5mm… **2.香茶菜*Rabdosia amethystoides*（Benth.）Hara**

3　聚伞花序分枝略叉开，组成开展多分枝圆锥花序；果萼钟形，长过于宽。

4　叶表面散生具节短柔毛，背面沿脉被具节白色疏柔毛；花萼被斜上细毛，果时花萼变无毛……**3.内折香茶菜*Rabdosia inflexa*（Thunb.）Hara**

4　叶两面疏被短柔毛及腺点或近无毛。果萼密被微柔毛及腺点。

5　叶卵圆形或卵圆状披针形或披针形，两面仅脉上密被微柔毛，先端近渐尖，基部楔形，边缘具粗大内弯的锯齿；花萼外密被灰白微柔毛，萼齿与萼筒等长；雄蕊及花柱不伸出；小坚果顶端具鬓毛……………………………………………………………… **4.溪黄草*Rabdosia serra*（Maxim.）Hara**

5　叶卵形或阔卵形，两面疏被短柔毛或腺点，先端具卵形或披针形的渐尖顶齿，基部阔楔形，骤然收缩呈具翅的柄，边缘具尖锐锯齿或圆齿牙状齿；花萼常带蓝色，密被贴生微柔毛或灰白色毛茸，萼齿短于萼筒；雄蕊及花柱伸出；小坚果顶端具疣状突起…………………………………………………………………… **5.毛叶香茶菜*Rabdosia japonica*（Burm. f.）Hara**

1　果萼齿二唇形，通常下倾。

6　茎、叶具节毛，无腺毛；叶卵形或宽卵形，长2～6cm，宽1.5～4cm，背面杂生腺点……………………………………………………… **6.线纹香茶菜*Rabdosia lophanthoides*（Buch.-Ham. ex D. Don）Hara**

6　茎、叶多少具有节毛和腺毛。

7　小灌木；叶卵形或宽卵形，长1～5cm，宽0.5～4cm，缘具粗圆齿，稀全缘，两面疏生短腺毛和节毛……………………………………………… **7.碎米桠*Rabdosia rubescens*（Buch.-Hemsl.）Hara**

7　多年生草本。

8　植株被较密的节毛和腺毛；叶先端渐尖，缘具粗锯齿；萼深裂成二唇形……

…………………………　**8.鄂西香茶菜*Rabdosia rubescens*（Hemsl.）Hara**

8　植株疏被节毛和腺毛；叶先端尾状渐尖，缘具不整齐缺刻状锯齿；萼浅裂成不明显的二唇形……………………………………………………………

…　**9.拟缺香茶菜*Rabdosia excisoides*（Sun ex C. H. Hu）C. Y. Wu et H. W. Li**

二、生物学特性

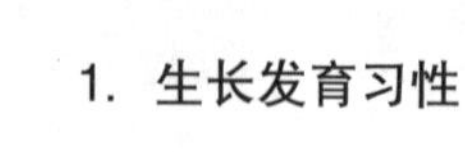

1. 生长发育习性

冬凌草为多年生半灌木植物，根茎木质，冬凌草全年生长期270天，当年生地上茎7月份以前为草质，以后下部逐渐木质化。株高在4～8月份增长较快，8月份以后植株几乎无增长。而其叶片的生长发育主要集中于4～6月份，可能是该段时间气温回升较快，适合植物的生长。6、7月份以后，叶片生长较为平缓。7月冬凌草叶腋中开始孕育花芽，8月初可见绿色的花芽逐渐萌发，8月中下旬部分植株开花，9月进入盛花期，花期可持续1个月左右。10月开始形成果实，最初果皮为白色，随着果实的成熟，果皮逐渐变黄、变褐并有白色花纹产生，但是在同一果序内的四枚小坚果一般只有2～3枚果皮呈白色花纹。从果实形成到成熟大约30天，如果此时有初霜可加快果实成熟。果皮变硬（最好经一次初霜）时，种子完全成熟，可以进行采集。研究过程中发现，冬凌草为地下芽生活型植物，生存能力较强，种群结构较稳定，但冬凌草群落内常有其他植物种类存在，种间竞争剧烈，野生冬凌草种子相对较少，越冬芽亦少，繁殖能力相对较弱。当条件适宜（主要是水分）当年就可以开花结果，但形成的种子发芽率较低。冬凌草在自然界除以种子繁殖外，主要通过根茎、横走茎产生分生体，形成新的植株。

2. 变异类型

本种为一变异幅度极大的种，变化最大的是叶形、叶被毛的情况及幼枝毛茸的多少。笔者在野外调查及长期对冬凌草的栽培过程中发现，不同生长环境下的冬凌草的外部形态往往存在较大差异，如河南鲁山、济源等地冬凌草存在大量全缘圆叶叶形的植株，而鹤壁等地冬凌草出现了大量白色花序的植株；根据其叶形、叶端、叶边缘锯齿疏密程度等方面，可将冬凌草叶型分为8种类型，如表2-1所示，并且在种植过程中也发现，冬凌草同一株也会出现叶片的差异，这反映了冬凌草叶型上的多样性。这种现象的存在很可能是其种质多样性的外在体现，这对于筛选冬凌草种质和保存有一定的指导意义。

表2-1　不同叶型冬凌草叶片外部形态特征的比较

材料编号	叶色	叶形	叶端	边缘锯齿	疏密程度	叶基
1	绿色	卵状三角形	骤尖	粗锯齿	较密	平截
2	黄绿色	卵状三角形	渐尖	粗锯齿	密	平截

续表

材料编号	叶色	叶形	叶端	边缘锯齿	疏密程度	叶基
3	绿色	卵状菱形	渐尖	粗锯齿	较密	渐狭
4	绿色	卵形	渐尖	腺体状锯齿	较密	渐狭
5	绿色	卵形	渐尖	腺体状粗锯齿	密	渐狭
6	深绿色	卵形	渐尖	粗锯齿	密	渐狭
7	黄绿色	卵状披针形	渐尖	腺体状粗锯齿	密	渐狭
8	绿色	卵状披针形	渐尖	粗锯齿	稀疏	渐狭

不同叶型冬凌草的叶片性状中，叶片宽差异最大（F=37.587），其次为叶先端宽（F=35.353）及叶片长度（F=30.505），叶先端长度（F=10.351）差异最小。方差分析表明，二者之间差异显著。由此可见，叶片长度、叶片宽度、叶先端长、叶先端宽可作为冬凌草不同叶型鉴别的植株叶片特征指标。笔者进一步对8种不同叶型的冬凌草叶表皮特征研究发现，不同叶型冬凌草的下表皮细胞形状均为不规则形，垂周壁式样为波状弯曲。气孔器普遍存在于下表皮，上表皮均无气孔分布，气孔类型为直轴式气孔器，但不同叶型冬凌草上、下表皮数目、气孔密度等叶表皮微形态特征上存在明显差异。这些表明，各种叶型冬凌草叶表皮细胞既存在一定的遗传性，又存在着一定的差异性。但其种内是否出现变异，是否设立变种或变型，这种变异是否稳定，有待于进一步研究。

不同生境下冬凌草外部形态和化学成分上的显著差异引起了人们对其遗传

变异、种质资源和道地性等诸多问题的研究。传统上一直把济源冬凌草作为道地药材，其主要成分冬凌草甲素和冬凌草乙素的生理活性和药效也已经被公认，而其他地区的冬凌草成分与之均有差别，显然不能作为同一药物加以应用。如果能够对冬凌草的变异情况进行研究，对其资源种类做出科学的划分，将为冬凌草种质资源的保护，防止其遗传资源的丢失，以及冬凌草的科学繁育和合理利用提供理论依据。

3. 对环境条件的要求

冬凌草多分布于海拔200～800m，低、中山地的灌丛疏林下、沟旁或林缘等半阴的环境中。对土壤的要求不严，既能在瘠薄的土壤中生长，也能在肥沃的环境中生长，喜生于阳坡、沟谷腐殖质土丰富地带。生于腐殖质土的冬凌草高大粗壮。以中性偏酸、疏松，腐殖质、有机质含量丰富的壤土或砂壤土为好。若土壤板结地势低洼易积水的地块则不利于冬凌草的生长。

三、地理分布

香茶菜属植物，全世界约150种。我国有90种和21个变种，其中以西南各省种数最多。目前作为冬凌草入药的只有碎米桠一种。它是我国独有的中药资源，目前广泛分布于我国黄河、长江流域，在河南、河北、山西、陕西、湖北、湖南、四川、贵州、广西、甘肃、浙江、安徽及江西等省区亦有分布，主要分布于太行山区，包括河南省的济源市、沁阳市、焦作市、辉县市及林州市，山西省的阳城县、泽州县、陵川县、壶关县及平顺县等，其中河南占全国产量的95%。在冬凌草的诸多产地中，以河南济源的冬凌草最为种群独特，品质较好，所含有效药用成分多达36种，其已知的抗肿瘤有效成分冬凌草甲素、乙素含量在全国同类植物中含量最高。2006年，由济源市市政府申报的冬凌草原产地域保护通过国家质量监督检查检疫总局组织的评审，获得国家地理标志产品保护证书。保护范围为济源市五龙口镇、承留镇、邵原镇、下冶乡、克井镇、思礼乡、王屋乡7个乡镇现辖行政区域。

冬凌草多生于山坡、灌木丛、林地、砾石地及路边等向阳处，以中性偏酸、疏松、腐殖质和有机质含量丰富的壤土或砂壤土为好。据调查阳坡生长的冬凌草呈零星状分布，植株矮小、群落盖度较小；而在土层较厚、水分条件较好、阴坡上生长的冬凌草群落，则生长繁茂，盖度较大，呈不连续间断分布。但在郁闭度较大的林区，林内光照条件差，致使冬凌草植株矮小细弱，长势较差。

据调查同属植物毛叶香茶菜*R.Japonica*（*Burm.f.*）Hara在河南伏牛山区的栾川县、嵩县、西峡县、内乡县等地分布较多，药材的味也很苦，山区农民多作冬凌草应用。另外我们在调查中发现，冬凌草与马鞭草科三花莸（*Caryopteris terniflora* Maxim.）外形亦有相似之处，且经常混生一处，有些地方在采割野生冬凌草时易与该植物相混淆，采挖和临床应用中常有误采误用情况发生。

四、生态适宜分布区域与适宜种植区域

《中国植物志》中记载冬凌草（碎米桠）产于湖北、四川、贵州、广西、陕西、甘肃、山西、河南、河北、浙江、安徽、江西及湖南13个省份，而在《中国中药资源志要》中，冬凌草（碎米桠）分布于河北、山西、陕西、甘肃、安徽、浙江、江西、湖北、湖南、广西、四川和贵州12个省份，主产于河南及黄河流域以南地区。冬凌草虽然分布很广，但作为药用主要分布于河南省济源太行、王屋山一带。河南省境内的冬凌草产地主要分布在王屋山、太行山南麓，尤以济源市王屋一带生长的冬凌草品质最优。由于济源市独特的地形、地貌和自然环境，为冬凌草生长、繁殖提供了得天独厚的生长条件，使济源冬凌草在成分含量和药理作用方面明显优于其他产地的冬凌草。可为掌握我国冬凌草资源的分布规律并且为选择与冬凌草产区生态环境相类似的生产适宜区提供理论和技术支持。王新民等采用中药材产地适宜性分析地理信息系统（TCMGIS-1），以河南济源王屋山为分析基点，选取温度、海拔、土壤、降水量等影响冬凌草生长发育的关键生态因子，对冬凌草在中国的生态适宜性以及主产区河南省的生态适宜性进行了分析得出，理论上，冬凌草在全国

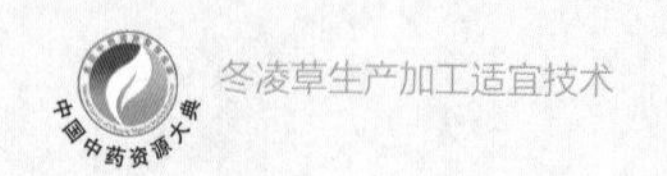

16个省市都有可能生长。16个省市中以山西和河南省分布范围最大，面积均达到13000km^{2}以上，其次是山东、河北、陕西和甘肃等省，面积均超过4000km^2，其最适宜区总面积占全国的99.5%，建议在冬凌草药材资源调查开发与利用时应该重点考虑；研究还发现在全国共有40个县市适宜区面积超过500km^2，而在甘肃、河南、山西和河北等省的7个县市分布面积较大，面积都在900km^{2}以上，其中河南省有4个县市。当然这些数据是理论推测值与实际有一定差距，所以在考虑冬凌草实际种植或调查时应和当地的实际情况结合起来，尽管冬凌草理论上可以分布的面积较广，但适合其生长的地区不一定能生长出真正的道地药材。

第3章

冬凌草栽培技术

一、种子、种苗繁育

中药材质量稳定需要中药材生产的规范化，中药材生产规范化需要中药材种子、种苗生产的标准化。优良品种及优质的种子种苗是实现中药材规范化生产的基础和源头。优质种苗繁育的规范化与规模化是实现冬凌草人工栽培的关键。目前冬凌草人工引种驯化取得初步成功。本章总结了国内学者多年来对冬凌草种子及种苗繁育栽培技术的研究工作。

1. 繁殖材料

目前，在冬凌草规范化种植中，繁殖方法分为有性繁殖（种子繁殖）和无性繁殖（分株、根茎繁殖）。繁殖材料主要为种子及具芽根茎。

（1）无性繁殖材料

①分株繁殖　分株繁殖时将采挖的冬凌草，进行修剪，除去枯枝，一般地上茎长7～10cm，径粗0.2～0.5cm，具2～4对芽；地下根茎具2～4个芽。

②根茎繁殖　采用根茎繁殖时视其根茎芽的多少，分成3～10cm小的茎段，每段根茎2～4个芽，去除没有活力的根茎，就可作为冬凌草的繁殖材料（图3-1）。

（2）有性繁殖材料（种子） 研究过程中发现以冬凌草种子作为繁殖材料，植株生长性状、产量最好。无论野生或人工育培育的实生苗地，均可为其良

图3-1　冬凌草根茎

种采种圃。冬凌草种子为倒卵形，长1.42～1.65mm；宽1.00～1.10mm，花期较长，可持续1个月左右，致使种子成熟度不一致（图3-2）。在同一果序内的四枚小坚果一般只有2～3枚发育良好，种皮表面褐色或光滑褐色具白色花纹，其中饱满的种子，种皮褐色具白色花纹，未发育成熟种子一般为黄褐色。苏秀红等对两种不同的种子

图3-2　冬凌草种子

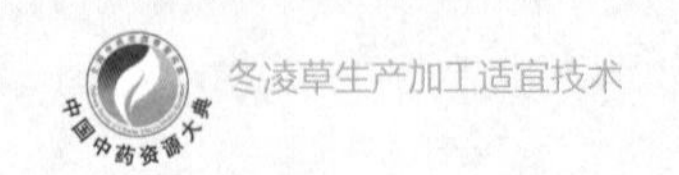

的千粒重、发芽率等研究发现，褐色具花纹种子千粒重、发芽率分别为0.624、90%，黄褐色种子千粒重、发芽率分别为0.423、62.33%，统计分析表明二者差异较为明显。造成这种现象的原因可能为冬凌草的花序为圆锥状聚伞花序，生于枝顶的种子先于下端成熟，容易造成同一植株上种子的成熟度不一致，且在观察过程中还发现同一花萼中的四枚小坚果发育也不完全一致，大多数只有1～2枚完全成熟，其余种子发育不良，甚至为空壳。由于冬凌草种子成熟期不一致，造成了种子质量不均一，发芽和出苗不整齐，进而影响了冬凌草的产量和质量。在实际的生产中如不区分种子的优劣而直接播种往往会造成出苗不齐，甚至断苗的情况，进而影响了冬凌草的产量和质量。为了规范冬凌草种子的质量检验技术，确保冬凌草种子质量，实现冬凌草的规范化种植，开展冬凌草种子质量标准的研究就显得尤为迫切和重要。董诚明等对冬凌草种子净度、千粒重、发芽率等进行了研究，制定了冬凌草种子检验规程，并采集了冬凌草主产地河南、山西等地40多批种子，参照所制定的冬凌草种子检验规程中的各项检测，对冬凌草种子的质量分级标准进行了研究。通过各种影响因素与数理统计软件的分析结果综合比较，将发芽率作为冬凌草种子质量分级标准的主要指标，发芽势、千粒重作为冬凌草种子质量分级重要参考指标。各等级种子的规定数值如表3-1所示。

表3-1　冬凌草种子分级标准

指标	分级		
	一级	二级	三级
发芽率（%）	≥80	71～80	55～71
发芽势（%）	≥71	67～71	47～67
千粒重（g）	≥0.5302	0.5302～0.5184	0.4501～0.5184

2. 繁殖方式

冬凌草大田栽培过程中，常常采用种子繁殖、分株、根茎繁殖三种方式。

（1）种子繁殖

①种子处理　冬凌草种子采集后利用风选的方法除去庇籽和枝叶等杂质，使具白色花纹的种子超过50%以上。另因冬凌草种子小，质地轻，饱满率较低，外被蜡质化，不利于水分的吸收，为提高种子发芽率，播种前应进行种子处理。将净化的种子，投入800倍的50%多菌灵溶液中中浸泡1～2小时即可。

冬凌草的有性繁殖圃的基质，亦以腐殖土为最好，其次为农田土。

②播种　播种时随地势平畦开沟，一般深2cm，行距40cm。播后浇水覆盖草帘或地膜，保温保湿。覆土1～2cm。每亩播种以0.5～0.8kg为宜。播种后要保持土壤表层湿润，用麦秆覆盖，若过于干旱应适量浇水，保持土壤湿润。

在烈日或干旱的情况下，行间盖草可避免幼苗灼伤；高温、干旱时应及时浇水，雨水过多应及时排水排涝。为使幼苗生长旺盛，在冬凌草植株封垄前，应经常中耕除草，防止杂草泛滥。结合中耕，根据幼苗的生长状况适当施肥、间苗，株行距40cm×40cm；发现缺苗可选阴天补栽。苗高10cm左右时，每亩施氮肥7.5～8kg。

③种子采集（详见繁育技术项目）。

（2）无性繁殖　采集时，应选择健壮带地下根茎的植株，挖出后，妥善包装（一般每捆约15kg），如不能及时种植，可假植于阴湿的土壤里保存，从采挖起苗到种植以不超过5天为宜，最好随种随挖，有利于提高成活率。无性繁殖时间建议2月底至3月初早春进行，无性繁殖的基质，以腐殖土为最好，其次为农田土；下种量以9～12株/平方米为宜；根茎处理以用500倍50%可湿性粉剂多菌灵溶液消毒最佳。

3. 繁育技术

（1）种苗地选育　选择排水良好、向阳、疏松肥沃、透气性好且富含腐殖质的壤土或砂质壤土。

（2）育苗地管理　播后浇水覆盖草帘或地膜，保温保湿。覆土1～2cm。根据幼苗的生长状况适当施肥、间苗，株行距40cm×40cm。

（3）种子采集　采种时，选择长势良好、无病虫害的植株作为采种植株。冬凌草一般8月份开花，9月中旬果实逐渐成熟，10～11月当果实充分发育成熟，籽粒饱满，果皮颜色由白变褐并带白色花纹，种皮变硬时（最好经一次初霜），及时将果枝收割。为了培育良种，留种植株选择健壮无病虫害并于7月上旬剪去小侧枝，剔除周围的弱小植株（株行距最好为40cm×40cm），以使养分集中于留种植株上。

种子成熟时，应立即采收。若采收过迟，种子将散失落地；若采收过早，种子尚未成熟，发芽率则低。采收时，将果序一起采割，采回后，置通风干燥的室内干燥4～5天，然后晒干、脱粒，采用风选法除去杂质，瘪种子，置于阴凉干燥处保存。期间防虫、老鼠危害。一般当年种子发芽率75%～92%。隔年陈种发芽率较低不宜作种用。

二、栽培技术

1. 选地与整地

（1）土壤类型　应选择地势平坦、排水良好、土层深厚、疏松肥沃、含腐殖质丰富的砂质壤土或腐殖质壤土为好。但过砂，保水保肥性能差；过黏，通透性能差，且易板结、易积水，不宜种植冬凌草。

（2）整地　地选好后，于头年冬季深翻土壤30cm以上，让其风化熟化。翌春结合整地，每亩施入厩肥或堆肥2500kg左右，翻入土中作基肥。然后，整平耙细，按宽2m，长度依地而定做平畦，备用。在作畦时要求做畦沟、腰沟、田头沟并与总排水沟相同。

畦沟：上宽40cm，下宽30cm，沟深30cm。腰沟：沿畦方向每隔50m设与畦沟垂直的腰沟，上宽40cm，下宽30cm，沟深30cm。田头沟：上宽50cm，下宽40cm，沟深40cm，有利于排水。

（3）播种时期　分株或根茎繁殖在2月底至3月初，气温回升在10℃以上；种子繁殖在3月中下旬，气温在15℃以上。

（4）播种方法

①种子繁殖

条播　冬凌草种子细小，播前，要进行精细整地，充分整平耙细，然后，在畦面上，按行距30cm开沟条播，沟深1.5～2cm，深度不能超过2cm。播幅宽10cm左右。沟底要平整。播前，最好将种子用0.3%～0.5%高锰酸钾浸种24小时，取出冲洗去药液，晾干后下种，可以提高发芽率，增加产量。播时，将种子与草木灰拌匀后，均匀地撒入沟内，覆盖土，以不见种子为度。播后浇水覆盖草帘，保温保湿。出苗后至苗高10cm时，按株距35cm定苗。每亩用种量0.5kg左右。

撒播　用耙子将畦面耧平，将种子与细河沙按1∶5拌匀后，均匀撒入田间，用石滚镇压即可。

②根茎繁殖。将选择好的根茎按规定的分级要求分级，并用500倍的50%可湿性粉剂的多菌灵浸10分钟，捞出稍凉一会儿以不滴水为度，待种。在整好

的畦面按行距25cm开沟，沟深5cm左右，按株距25cm种栽，如一年只收获一次，行株距应为40cm × 40cm为宜。覆土镇压，耧平畦面。浇定植水。

（5）田间管理

①补苗　20天左右出苗后，当苗高5～10cm时，若发现死苗、断苗、弱苗、病苗应及时拔除，选阴天补苗种植，以保证基本苗数。

②中耕除草　视草情、土壤墒情，适时除草中耕，以疏松土壤，除去杂草。

③灌溉　水分是冬凌草生长的必要条件，尤其是在种植后到出苗后的1个月，是促进苗生长的关键时期，应适时灌溉，保证土壤湿度；雨后，如地面积水严重，应及时开沟防渍。

④追肥　冬凌草在施足基肥后，后期生长过程中，对肥的需求并不很大，但是基肥不足时，在苗高25cm时，结合中耕除草，每亩可追施尿素20～30kg或复合肥25～40kg。

⑤病虫害防治　目前，冬凌草病虫害发生较少，仅在第二年发现有叶斑病，以及长期干旱之后，叶上出现蚜虫和甜菜夜蛾等虫害。具体防治方法如下所述。

叶斑病：适时适量浇水，雨季及时排水，降低湿度。发病初期，喷洒50%多菌灵500倍液，或70%甲基托布津800倍液。

甜菜夜蛾：初孵幼虫群居或散生于丝网下为害：三年龄以后进入暴食期可转株为害。

防治方法：采用黑光灯诱杀成虫。各代成虫盛发期用杨树枝扎把诱蛾，消灭成虫。及时清除杂草，消灭杂草上的低龄幼虫。人工捕杀幼虫。在低龄幼虫发生期，用50%辛硫磷500～800倍毒杀幼虫。

偶见蚜虫为害：应注意保护和利用瓢虫等天敌防治，利用黄色板诱杀或为害初期喷施10%吡虫啉可湿性粉剂1500倍液或20%啶虫脒可湿性粉剂5000倍液进行防治。

三、采收与产地加工技术

1. 采收

（1）采收期的确定　在冬凌草的规范化种植中研究发现，大田栽培冬凌草，6月初植株初长成，8月初，枝叶茂盛，各类化学成分的含量较高；8月下旬冬凌草开始现蕾，至花全部开放，各类化学成分的含量较低；8月底至10月初，冬凌草结果、种子成熟，有些化学成分的含量上升也较高。从冬凌草采收的实际角度考虑，冬凌草为半灌木植物，民间习惯用其草质茎叶，或单用叶入药，9月底10月初植株的大部分木化，药材的产量降低，实验也表明冬凌草木质茎中迷迭香酸（野生0.185%、栽培0.028%）、冬凌草甲素（野生0.056%、栽培0.032%）的含量很低。而6、7月冬凌草当年新生草质部分枝叶茂盛，药材产量相对较高。因此，综合考虑，冬凌草6、7月采收较好。采收后，冬凌草继续发芽生长，我们对其有效成分迷迭香酸、冬凌草甲素进行了含量测定（8月1日，0.927%、0.801%；9月1日，0.827%、1.01%；10月1日0.925%、0.748%），结果表明10月份可以再采收一次。吴娇等以冬凌草的分枝数、单墩叶重及叶中冬凌草甲素的含量作为冬凌草药材产量和质量的评价指标，发现冬凌草叶中冬凌草甲素含量均在6月份左右达到峰值且十分接近；气候不同导致引种地野转家种药材的分枝数比原产地野生药材多2～4倍。综合质量和产量的考察结果，冬凌草的最佳采收期应定在其开花前，引种地武汉宜定在6月份，引种地广水宜定在6～7月份，原产地河南淇县宜定在6～8月份。余卫兵等发现冀南地区8、9月份采收的冬凌草中冬凌草甲素的含量明显高于其他月份的，说明冬凌草的最佳采收期为8、9月份。如图3-3所示。

图3-3　冬凌草的采收

（2）采收方法　采收时可距地面10～15cm割取冬凌草幼嫩的地上部分。实践表明，利用分株繁殖的冬凌草连续采收3～4年后，植株基部常常木化，从而影响其茎芽的数量和质量以及来年的新叶产量和质量。为此，连续采割3～4年后，应采用种子繁殖或根茎繁殖以恢复种群活力。

（3）产地加工　将采收的冬凌草及时除去杂质、泥沙、非药用部分、已变质不能入药的部分，并置于阴凉通风干燥处阴干或晾干。产地加工过程中，应认真加强田间管理，及时除去杂草，防止杂草混入，以保证药材质量。

第4章

冬凌草特色适宜技术

一、冬凌草的林下间作技术

林木在栽种前期生长缓慢，因水保功能而见效较慢、也较差，而冬凌草具有耐阴、耐瘠薄、生长较为迅速且一年两收的特点。因此，为了增加林地、果园等园地前期经济效益，在林下栽植具有药用价值的冬凌草，是立体林业的一种生态经济林营造模式。这种间作模式不仅合理利用了空间，提高了复种指数，以及土地、光照、水资源的利用率，同时促进了林地林木生长，使近期效益与长远效益有机结合，增加了林农收入。

1. 适生区域

海拔1200m以下，年降雨量500～1300mm，年平均气温11～17℃，最低气温≥-20℃，无霜期200天以上的区域。

2. 间作模式

（1）核桃—冬凌草复合间作　核桃按3m × 5m规格（675株/hm^2）南北行向定植，距树干50cm处起25cm高的垄，留好营养带。在行间带状按45cm × 45cm的密度定植冬凌草（4.95万株/hm^2）。当年栽植当年收益，第2年行间盖度达90%，这种间作模式不仅减少了核桃园除草等劳动强度，而且增加了土壤湿度，为核桃正常生长发育创造了良好条件，同时由于冬凌草庞大发达的根系可防治地表迳流，进而减少了核桃园养分流失。

（2）果树（苹果、梨树、桃树、李子树等）+ 冬凌草；园林绿化苗木类（白蜡、栾树、国槐等）+ 冬凌草。

冬凌草株距0.4～0.5m，行距0.5～0.7m。肥沃地块宜疏，贫瘠地块宜密。冬凌草植株与主栽树种间距0.4m左右。秋季或早春将幼苗按株行距挖穴，穴长宽10～15cm，深15～20cm，将苗木植入穴中，填土一半左右时，轻提苗木，使根系舒展，继续填土后踏实，使根系与土壤密接。栽植深度以土壤踏实后苗木根茎与地面持平为宜。栽植后及时浇透定植水。夏、秋二季茎叶茂盛时采割。

二、二次采收技术

研究发现冬凌草甲素、冬凌草乙素等有效成分含量随着冬凌草生长发育时期的不同而出现不同的变化。通过对冬凌草主产区河南济源地区的冬凌草中冬凌草甲素、迷迭香酸含量测定及生长情况研究发现冬凌草第一次最佳采收期应该是冬凌草开花前的6、7月份，此时，冬凌草枝叶茂盛，药材产量相对较高，采收主要是以冬凌草茎叶为主，这个时期叶薄，细嫩，药性要好，冬凌草甲素和冬凌草乙素的含量相对最高，入药效果最佳。采收后，冬凌草继续发芽生长，二次采收应在9月中旬至10月份进行，此时冬凌草生物量高，冬凌草甲素、冬凌草乙素和迷迭香酸的综合含量较高。采收时距离地面10cm左右，割取冬凌草植株的草质部分。

三、冬凌草茶的生产加工

在太行山区冬凌草自古以来被民间誉为“神奇草”。常年当作茶叶饮用。因其清咽利喉、清热解毒、消肿止痛的功能盛行于当地。在河南淇县淇河两岸，肥沃的土地和气候条件造就了当地冬凌草品质优良、资源丰富，在鹤壁《淇县志》中记载：自唐朝始，淇水两岸“冰冰草盛”，百姓多有泡水饮之，具“解毒热、清浊气、泣咽喉”等功效。1972年，中国食管癌研究中心发现冬凌草具有独特的抗食管癌、贲门癌、原发性肝癌功效，从此被广泛应用于临床。药用价值据《现代中药学大辞典》记载，冬凌草的性味和功用为苦、甘、微寒，具有清热、解毒、活血止痛之功效，用于咽喉肿痛、扁桃体炎、蛇虫咬伤、风湿骨痛等。对内热体质易咽痛、牙痛、口舌生疮、上火心烦的患者，可长期服用冬凌草茶。民间有“日饮冰凌草一碗，防皱去斑养容颜，亮嗓清音苦后甘，驱除病魔身心安”之说。

1. 冬凌草茶种类

目前冬凌草茶主要有三种，新鲜的冬凌草叶子，取冬凌草嫩叶3～5g，清水洗去浮尘，用沸水500ml冲泡，闷泡三分钟，可每日服用，但这种方法不利于冬凌草保存和流通。市面上出售冬凌草茶一般分为清炒、烘干两种，传统的清炒方法在150～250℃下炒透，但清炒茶中的冬凌草甲素含量较低，可能因为清炒过程中冬凌草局部受热温度过高引起，且清炒法所制冬凌草茶不同批次间冬凌草甲素含量差别亦较大，故该法所制冬凌草茶质量的均一性较差。烘干法是在60℃以上的温度下烘干，烘干茶中的冬凌草甲素含量相对较高，可以较好的保存冬凌草甲素、总黄酮、多糖等有效成分。戴一等用水为溶剂提取冬凌草内有效成分，以多糖、总黄酮及冬凌草甲素浸出率为考查指标，研究了不同浸提温度（50℃、60℃、70℃、80℃、90℃、100℃）对冬凌草茶中3类成分浸出率的影响。结果显示70～80℃范围内浸泡，能较好地兼顾这些成分。

2. 冬凌草茶的具体制作方法

在每年5～10月上午4～9点期间，采集冬凌草茎枝的上部嫩叶，放置在温度为0～4℃的冷库内保存（保存时间不能超过5天）。

（1）清炒法　将不锈钢的炒制设备加热至130℃，新鲜冬凌草叶均匀的翻炒5～10分钟；再将炒制设备的温度控制在30～80℃，冬凌草茶在炒制设备内翻炒、揉搓约20～50分钟，使冬凌草茶干燥至含水量小于10%，随后将冬凌草茶的各个组成成分制成细条状或珍珠状即可。

（2）烘干法　将新鲜的冬凌草嫩叶放入60～80℃烘箱中，直至冬凌草茶干燥至含水量小于10%。

第5章

冬凌草药材质量评价

一、本草考证与道地沿革

本植物最早记于明代朱橚所著《救荒本草》，之后的历代本草未见收载本品。20世纪70年代初，冬凌草从河南民间草药中脱颖而出，1977年，冬凌草被收入《中华人民共和国药典》，模式标本采自湖北宜昌，并编入《全国中草药汇编》，1991年我国卫生部部颁中药材标准将其地上部分作为中药材。1991年《河南中药材标准》中冬凌草"产地"项表述如下："主产太行山区的济源……"《中国中药资源志要》记载，冬凌草分布于河北、山西、陕西、甘肃、安徽、浙江、江西、湖北、湖南、广西、四川和贵州12个省份，主产于河南及黄河流域以南地区。冬凌草在我国分布极为广泛，除在太行山脉产量较大以外，伏牛山脉、大别山脉，以及贵州、四川和陕西也有大量分布。主产区为太行山区，包括河南省的济源市、沁阳市、焦作市、辉县市及林州市，山西省的阳城县、泽州县、陵川县、壶关县及平顺县等。其中河南占全国产量的95%。在冬凌草的诸多产地中，以济源王屋山的冬凌草质量在全国最优，其抗肿瘤和杀菌作用的有效成分（冬凌草甲素、冬凌草乙素）含量最高。2006年4月，经国家质量监督检验检疫总局审查合格，济源冬凌草获得地理标志产品保护证书。

二、冬凌草的质量标准

【性状】本品茎基部近圆形，上部方柱形，长30～70cm。表面红紫色，有柔毛；质硬而脆，断面淡黄色。叶对生，有柄；叶片皱缩或破碎，完整者展平后呈卵形或卵形菱状，长2～6cm，宽1.5～3cm；先端锐尖或渐尖，基部宽楔形，急缩下延成假翅，边缘具粗锯齿；上表面棕绿色，下表面淡绿色，沿叶脉被疏柔毛。有时带花，聚伞状圆锥花序顶生，花小，花萼筒状钟形，5裂齿，花冠二唇形。气微香，味苦、甘。如图5-1、图5-2所示。

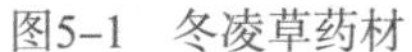

图5-1　冬凌草药材

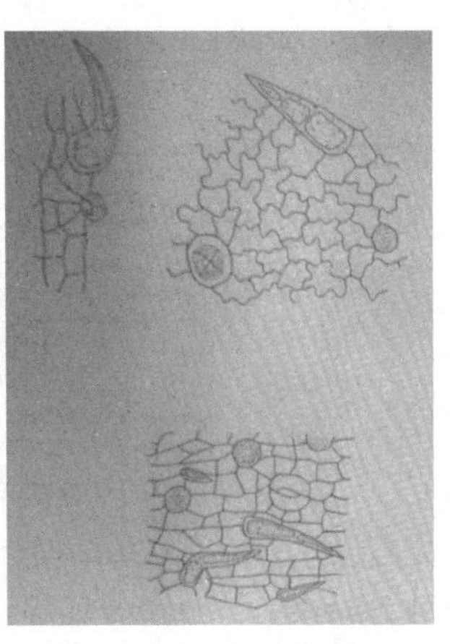

图5-2　冬凌草叶片表面

【鉴别】（1）本品叶表面观：上表皮细胞呈多角形或不规则形；垂周壁波状弯曲。腺鳞头部圆形或扁圆形，4细胞。腺毛头部1～2细胞，柄单细胞。非腺毛1～5细胞，外壁具疣状突起。下表皮细胞呈不规则形，垂周壁波状弯曲。

非腺毛、腺毛及腺鳞较多。气孔直轴式或不定式。

（2）取本品粉末1g，加甲醇30ml，超声处理30分钟，滤过，滤液浓缩至1ml，作为供试品溶液。另取冬凌草对照药材1g，同法制成对照药材溶液。再取冬凌草甲素对照品，加甲醇制成每1ml含1mg的溶液，作为对照品溶液。照薄层色谱法试验，吸取上述三种溶液各5μl，分别点于同一GF_{254}薄层板上，使成条带状，以二氯甲烷-乙醇-丙酮（36：3：1）为展开剂，展开，取出，晾干，喷以30%硫酸乙醇溶液，在105℃加热约5分钟，分别置日光和紫外光灯（254nm）下检视。供试品色谱中，在与对照药材色谱相应的位置上，显相同颜色的斑点；紫外光灯（254nm）下，供试品色谱中，在与对照药材色谱和对照品色谱相应的位置上，显相同颜色的斑点。

【检查】 水分　不得过12.0%。

总灰分　不得过12.0%。

酸不溶性灰分　不得过2.0%。

【浸出物】 照醇溶性浸出物测定法项下的热浸法测定，用乙醇作溶剂，不得少于6.0%。

【含量测定】 照高效液相色谱法测定。

色谱条件与系统适用性试验　以十八烷基硅烷键合硅胶为填充剂；以甲醇-水（55：45）为流动相；检测波长为239nm。理论板数按冬凌草甲素峰计算应不低于4000。

对照品溶液的制备　取冬凌草甲素对照品适量，精密称定，加甲醇制成每1ml含60μg的溶液，即得。

供试品溶液的制备　取本品粉末（过四号筛）约1g，精密称定，置具塞锥形瓶中，精密加入甲醇50ml，称定重量，放置30分钟，超声处理（功率250W，频率40kHz）30分钟，放冷，再称定重量，用甲醇补足减失的重量，摇匀，滤过，取续滤液，即得。

测定法　分别精密吸取对照品溶液与供试品溶液各10μl，注入液相色谱仪，测定，即得。

本品按干燥品计算，含冬凌草甲素（$C_{20}H_{28}O_6$）不得少于0.25%。

饮片

【炮制】 除去杂质，切段，干燥。

【性味与归经】 苦、甘，微寒。归肺、胃、肝经。

【功能与主治】 清热解毒，活血止痛。用于咽喉肿痛，癥瘕痞块，蛇虫咬伤。

【用法与用量】 30～60g。外用适量。

【贮藏】 置干燥处。

三、质量评价

1. 不同部位的质量评价

冬凌草为多年生半灌木植物，以地上部分入药，尤以叶的药效最佳。文献记载也不一致，中华人民共和国卫生部部颁标准以冬凌草“干燥叶及地上部分”入药；其他文献记载冬凌草多以“干燥地上部分”入药。在实际采收时，常割其地上草质部分或只撸其叶（带少量幼茎）。冬凌草药用部位不同，所含有效成分的含量也不尽相同，为了确定冬凌草的入药部位，提高药材的质量。靖慧军等以迷迭香酸、冬凌草甲素为指标，对冬凌草草质茎叶、叶、草质茎、木质化茎的含量进行了考察。冬凌草药材中迷迭香酸含量高低为叶＞草质茎叶＞草质茎＞木质化茎；冬凌草甲素含量高低为草质茎叶＞叶＞草质茎＞木质化茎，冬凌草叶中活性成分含量明显高于冬凌草茎。廖伟玲等报道不同部位的冬凌草中冬凌草甲素的含量有较大差别，河北安国地区的冬凌草叶中冬凌草甲素的含量为7.34mg/g，茎中含量为0.475mg/g，叶中含量约为茎中含量的15倍。郑晓珂等采用HPLC法对迷迭香酸进行定量分析，并结合均值偏移度法对其做出了质量评价。不同部位的优劣顺序为：栽培叶＞野生叶＞栽培全草＞野生全草＞栽培茎＞野生茎＞老秆。综上所述，冬凌草药材不同的药用部位，所含有效成分的含量不同，其品质也有一定的差异。对冬凌草药材不同部位的有效成分

做出质量评价，可为临床合理用药提供科学的依据。

2. 不同产地的质量评价

“诸药所生，皆有其境”，不同产地的冬凌草，受气候、土壤、地形地貌、群落生态等的影响，其质量并不均一，有效成分的含量也有差异。比如有的产区气候温暖、湿润、雨量充沛、植物种类繁多，而另一产地气候凉爽、干燥、风沙大、降雨量少、局部地区植物种类单一。这就很可能造成不同地域的冬凌草质量有所差别。再者，传统上一直把济源冬凌草作为道地药材，其主要成分冬凌草甲素和冬凌草乙素的生理活性和药效也已经被公认，而其他地区的冬凌草成分与之均有差别，显然不能作为同一药物来应用。为了探明不同地区冬凌草质量上差异，不少学者对此进行了研究。陈随清等以冬凌草甲素、冬凌草乙素、迷迭香酸、水溶性浸出物和醚溶性浸出物的含量为指标，采取Q型聚类分析，评价了不同产地冬凌草质量的相似度。发现不同产地冬凌草在质量上大致分为：山西闻喜县、绛县与河南济源市、辉县市、宝丰县聚为一类，山西阳城县、夏县与河南林州市、灵宝市、淇县聚为一类，河南西峡县、栾川县、鲁山县聚为一类，贵州施秉县冬凌草单独聚为一类，不同产地冬凌草质量有一定差异，而这种差异却没有明显的规律性。崔璨等通过高效液相色谱法对不同产地冬凌草迷迭香酸的含量进行测定。结果表明，灵宝市冬凌草中迷迭香酸的含量最高，远远超过其他地区。冬凌草分布广，资源丰富，易栽培，不同产地的冬

凌草在质量上有着明显的区别，所以无论在临床用药还是企业应用都要仔细甄别，以保证冬凌草资源的合理利用和研究开发。

3. 不同变异类型的质量评价

为了适应新的环境，冬凌草在形态如叶形、叶色、花色、茎色等方面会发生诸多变化。如果能够对冬凌草的变异情况进行研究，对其资源种类做出科学的划分，将为冬凌草种质资源的保护，防止其遗传资源的丢失，以及冬凌草的科学繁育和合理利用提供理论依据。陈随清等在采样过程中发现济源和淇县的冬凌草都出现了白花植株，鲁山和济源冬凌草都出现了全缘叶的叶形和紫色茎的植株，这两种外观相近的冬凌草在化学成分的种类与含量上是否有很大差异？为此他们采用高效液相色谱法对不同变异类型的冬凌草中的主要成分进行了测定，发现冬凌草甲素含量高低顺序为济源市（紫茎）>济源市（紫茎紫叶）>济源市（全缘圆叶）>淇县（白花）>济源市（白花）；而鲁山县（红色叶）和鲁山县（全缘圆叶）却不含冬凌草甲素；冬凌草乙素含量高低顺序为济源市（紫茎）>济源市（全缘圆叶）>淇县（白花）>济源市（紫茎紫叶）>济源市（白花），而鲁山县（红色叶）和鲁山县（全缘圆叶）不含冬凌草乙素；迷迭香酸含量高低顺序为鲁山县（全缘圆叶）>淇县（白花）>济源市（全缘圆叶）>鲁山县（红色叶）>济源市（紫茎紫叶）而济源市（白花）含有迷迭香酸。通过对不同变异类型的冬凌草进行质量评价，对选育出冬凌草优良品种，为新品种的审定提供了依据。

4. 化学成分指纹图谱的分析评价

指纹图谱具有操作简便、快速、灵敏度高、重现性好和信息量大等优点，可全面反映中药化学成分的种类和数量，进而反映中药的质量。随着科技的不断发展，该技术在中药材质量控制中的应用越来越广泛。靳怡然等研究并建立冬凌草的HPLC–PDA指纹图谱，同时应用PCA和相似度分析方法对18批冬凌草样品进行综合评价，发现河北涉县、河南济源和东北产冬凌草指纹图谱的相似度较高，反映上述三个产地冬凌草质量较为接近；而内蒙古产冬凌草与上述3个产地相似度较低，差异较明显。陈随清等通过化学成分指纹图谱相似度分析以及主成分分析方法，以每个主成分所对应的特征值占所提取主成分总的特征值之和的比例作为权重计算主成分综合模型，即F值，可笼统代表样品质量。对F值进行排序，前10名中有8个样品产地，包括河南的淇县、济源、辉县和山西的闻喜县、绛县、夏县、阳城等地，基本都在河南与山西交界的太行山区南部，表明这些地区冬凌草药材指纹图谱相似度高，质量较好。排序靠后的样品产地包括河南新县、灵宝市、贵州施秉等，主要在伏牛山区、横断山脉，这些地区冬凌草药材指纹图谱相似度低，质量较差。郑晓珂等采用了活性成分的定量分析和指纹图谱相结合的方法对12批不同采收期冬凌草药材和7个冬凌草药材不同部位进行评价。研究发现虽然这些样品的HPLC色谱峰相对保留时间

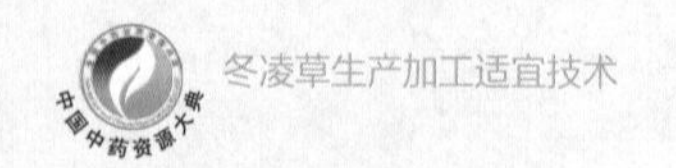

是一致的，但每批样品在相同保留时间的相对峰面积波动很大，反映冬凌草样品在化学成分上的差异。王坤等对10批冬凌草样品相对峰面积聚类分析结果显示，浙江温州、山东济南、湖北武汉、河北安国产冬凌草相似程度较高，聚为一类，江苏南京、安徽滁州、北京、山西太原产冬凌草相似程度较高，可聚为一类，河北石家庄和河南鹤壁产冬凌草相似程度较低，可明显区分。多数药材相似度较好，个别药材有一定的差异。化学成分指纹图谱的应用将成为未来的发展趋势，能对中药材进行综合、宏观的评价，可全面反映中药材的特性，为中药材质量评价提供可靠的依据。

第6章

冬凌草现代研究与应用

一、化学成分

冬凌草自20世纪70年代从民间发掘后，中国科学院昆明植物研究所孙汉董院士首先对冬凌草内化学成分进行了分离鉴定，并明确了冬凌草内的主要有效成分。此后许多学者对冬凌草内化学成分、活性检测、某些成分的提取制备工艺、某种化合物光谱学、结构化学进行了研究，更加完善了冬凌草化学成分的研究内容。迄今为止，从冬凌草内分离出的化合物主要为萜类、酚酸类、挥发油、甾体、黄酮、生物碱、氨基酸、有机酸、单糖等物质。

1. 萜类化合物

萜类化合物在冬凌草中含量较为丰富。主要有倍半萜、单萜、三萜等。

（1）二萜类化合物　该类成分主要骨架构型包括对映贝壳杉烷型和螺断贝壳杉烷型两大类。冬凌草甲素在国内首先由河南省医科所药化组等四个单位于1977年从济源产的冬凌草中分离得到。之后中科院昆明植物研究所孙汉董院士通过多年的系统研究，从济源冬凌草中分离鉴定了25个二萜化合物，其结构类型主要为7,20-环氧型对映-贝壳杉烷类二萜化合物。冬凌草主要包括冬凌草甲素、冬凌草乙素、冬凌草丙素、冬凌草丁素、冬凌草戊素。并初次证明冬凌草甲素、冬凌草乙素是冬凌草中的主要有效成分，具有明显的抗肿瘤作用，而冬凌草丙素、冬凌草丁素则不具有抗肿瘤作用。此后他对河南省不同地区冬凌草进行了仔细的化学成分研究，先后共分离鉴定了鲁山冬凌草甲素、鲁山冬凌草乙素、鲁山冬凌草丙素、鲁山冬凌草丁素、鲁山冬凌草戊素、信阳冬凌草甲素、信阳冬凌草乙素等多种二萜类化合物。此后许多学者也相继从冬凌草中分离得到了多种对映贝壳杉烷型化合物，如潘炉台等从习水冬凌草中分得ludongnin A和ludongnin B。刘晨江于1997年分离得到rubescensin E。另外，刘宏民从济源冬凌草中分得了enmenol-1β-glucoside。2000年刘延泽等从鹤壁产冬凌草中分得了rubescensin H。rubescensin F，rubescensin G由韩全斌等于2003年分离得到，此外，韩全斌等还分离得到了rabdoternin A，rabdoternin B，rabdoternin C，rabdoternin F，lasiodonin，wikstroemioidin B，enmenol等化合物。taibairubescensin A，taibairubescensin B由日本学者于2000年分离得到，国内还未见报道。韩全斌等先后从鲁山冬凌草、济源冬凌草、太行山冬凌草、卢氏冬凌草、信阳冬凌草等各地的冬凌草中共得到50个新的二萜类化合物。Huang等先后从冬凌草中得到20个新二萜类化合物，其中3个二萜类二聚体化合物（bisrubescensin A～C）卢海英等从冬凌草中分离得到了牛尾草甲素（rabdoternin A）、牛尾草丙素（rabdoternin C）、lasiokaurin、enmenol、牛尾草乙素（rabdoterninB）等。冬凌草中还有一些螺断贝壳杉烷型二萜类化合物，主要包括卢氏冬凌草甲素（ludongnin A）、卢氏冬凌草乙素（ludongnin B）、贵州

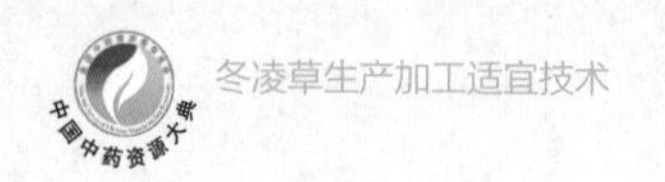

冬凌草素（guidongnin A）；Maoyecrystal F、瘿花香茶菜甲素对映 -贝壳杉烯，二萜二聚体双冬凌草丁素等。冬凌草中主要的二萜类成分如表6-1所示。

表6-1　冬凌草中主要的二萜类成分

化合物名称	母核类型	来源
冬凌草甲素rubescensin A	Ⅰ	河南济源（河南省医学科学研究所药理药化组等，1978）
冬凌草丙素rubescensin C	Ⅰ	河南济源（S HD等，1980）
冬凌草戊素rubescensin E	Ⅰ	河南济源（刘晨江和赵志鸿，1997）
冬凌草己素rubescensin F	Ⅰ	河南济源（韩全斌等，2003）
冬凌草庚素rubescensin G	Ⅰ	河南济源（韩全斌等，2003）
冬凌草辛素rubescensin H	Ⅰ	河南鹤壁（刘延泽和刘建军，2000）
香茶菜戊素Effusanin E	Ⅰ	河南鹤壁（尹锋等，2003）
lasiodonin	Ⅰ	河南济源（韩全斌等，2003）
冬凌草乙素rubescensin B	Ⅱ	河南济源（张覃沐等，1980）
冬凌草丁素rubescensin D	Ⅲ	河南济源（HD等，1992）
荛花香茶菜乙素wikstroemioidin B	Ⅳ	河南济源（韩全斌等，2003）
鲁山冬凌草甲素lushanrubescensin A	Ⅴ	河南鲁山（秦崇秋等，1984；赵勤实等，1996）
鲁山冬凌草乙素lushanrubescensin B	Ⅴ	河南鲁山（李继成等，1986；赵勤实等，1996）
鲁山冬凌草丙素lushanrubescensin C	Ⅴ	河南鲁山（李继成等，1986）
鲁山冬凌草丁素lushanrubescensin D	Ⅴ	河南鲁山（亲崇秋等，1986）
鲁山冬凌草戊素lushanrubescensin E	Ⅴ	河南鲁山（李继成等，1987）
信阳冬凌草甲素	Ⅴ	河南信阳（孙汉董等，1985）
信阳冬凌草乙素	Ⅴ	河南信阳（孙汉董等，1985）
太白冬凌草甲素taibairubescensin A	Ⅴ	陕西太白（HM等，2000）
碎米桠甲素suimiyain A	Ⅴ	四川南川（孙晓平和岳松健，1992）

续表

化合物名称	母核类型	来源
太白冬凌草乙素taibairubescensin B	Ⅴ	陕西太白（HM等，2000）
Enmeno lide	Ⅵ	河南（HM等，2000）
卢氏冬凌草甲素ludongnin A	Ⅶ	河南（郑新荣等，1984）
卢氏冬凌草乙素ludongnin B	Ⅶ	河南（郑新荣等，1986）
贵州冬凌草甲素	Ⅶ	贵州（韩全斌等，2003）
贵州冬凌草乙素	Ⅶ	贵州（韩全斌等，2003）
贵州冬凌草丙素	Ⅶ	贵州（韩全斌等，2003）
贵州冬凌草丁素	Ⅶ	贵州（韩全斌等，2003）
贵州冬凌草戊素	Ⅶ	贵州（韩全斌等，2003）
贵州冬凌草己素	Ⅶ	贵州（韩全斌等，2003）
贵州冬凌草庚素	Ⅶ	贵州（韩全斌等，2003）
贵州冬凌草辛素	Ⅶ	贵州（韩全斌等，2003）
狭叶香茶菜素Angustifolin	Ⅶ	贵州（韩全斌等，2003）
6–表狭叶香茶菜素6–epiangustifolin	Ⅶ	贵州（韩全斌等，2003）
hebeiabinins A	Ⅷ	河北（H SX等，2007；SX等，2006）
hebeiabinins B	Ⅸ	河北（H SX等，2007；SX等，2006）
hebeiabinins C	Ⅹ	河北（H SX等，2007；SX等，2006）
hebeiabinins D	Ⅺ	河北（H SX等，2007；SX等，2006）
hebeiabinins E	Ⅻ	河北（H SX等，2007；SX等，2006）
lushanrubescensin F	XⅢ	河南鲁山（秦崇秋等，1984；赵勤实等，1996）
lushanrubescensin G	XⅢ	河南鲁山（秦崇秋等，1984；赵勤实等，1996）
lushanrubescensin H	XⅣ	河南鲁山（秦崇秋等，1984；赵勤实等，1996）
lushanrubescensin I	XⅣ	河南鲁山（秦崇秋等，1984；赵勤实等，1996）
冬凌草辛素rubescensin I	XⅤ	河南济源（H QB等，2004）
lushanrubescensin J	XⅤ	河南鲁山（秦崇秋等，1984；赵勤实等，1996）

续表

化合物名称	母核类型	来源
bisrubescensin A	XVI	河北（H SX等，2006）
bisrubescensin B	XVII	河北（H SX等，2006）
bisrubescensin C	XVIII	河北（H SX等，2006）

（2）三萜类　甾体类成分：木栓酮包括α-香树脂醇、α-香树脂素、熊果酸、2β-羟基熊果酸、β-谷甾醇、β-胡萝卜苷、β-香树脂醇、2β-羟基齐墩酸、齐墩果酸、豆甾醇、β-谷甾醇等。

（3）单萜及挥发油　冬凌草中含有大量挥发油，多为单萜及长链烃类，如α-蒎烯、β-蒎烯、柠檬烯、1,8-桉叶素、对-聚伞花素、壬醛、癸醛、β-榄香烯、棕榈酸、三十三烷、角鲨烯等。王桂红等对栾川老君山冬凌草中的挥发油成分进行了GC-MS分析，鉴定出14种成分，其中以邻苯二甲酸二丁酯和十六酸含量最高。袁珂等同样用GC-MS对河南济源冬凌草全草的挥发油进行了成分分析，鉴定出42种化合物。

（4）黄酮类成分　冬凌草中的黄酮类成分包括：5,8,4-三羟基-6,7,3-三甲氧基黄酮。5,4′-二羟基-6,7,8,3′-四甲氧基黄酮、苜蓿素、芹菜素、槲皮素、线蓟素、5,3′,4′-三羟基-6,7-二甲氧基黄酮、胡麻素、大黄素-8-*O*-*β*-*D*-葡萄糖苷、大黄素甲醚等。

（5）有机酸　冬凌草水提取物具有显著抗癌作用。冯卫生等对冬凌草的水溶性部位进行了系统的化学成分研究，从中分离得到了咖啡酸、水杨酸、迷迭香酸、迷迭香酸甲酯、阿魏酸、丹参素甲正丁酯、3,4–二羟基苯乳酸等。此外。冬凌草中的有机酸还有1,5–二–（3,4–二羟基苯基）–乙烯醚、3–（3,4–二羟基苯基）–2–异丙氧基–丙酸、邻苯二甲酸双–（2–乙基己基）酯、香草酸、原儿茶醛、（10*Z*，14*Z*）–9,16–二羰基–10,12,14–三烯–十八碳酸三，乌苏酸、二十七酸等。

（6）生物碱类　冬凌草中的生物碱多具有酰胺键，主要包括：冬凌草碱（donglingine）、aurantiamide acetate、N–（2–氨甲酰基–苯基）–2–羟基苯甲酰胺–5–*O*–*β*–*D*–阿洛糖苷［*N*–（2–aminoformyl–phenyl）–2–hydroxybenzamide–5–*O*–*β*–*D*–allopyranoside］、2–氨基–3–苯丙基2–苯甲酰氨基–3–利胆醇酯（2–amino–3–phenylpropy–2– benzamido–3–phenylpropanoate）、2′–乙酰氨基–3′–苯基丙基–2–苯甲酰氨基–3–苯基丙酸酯、4–乙酰氨基丁酸、黄嘌呤、7–羟基–4（1H）–喹啉酮。

（7）氨基酸　为了进一步开发利用冬凌草资源，王桂红等对冬凌草中的氨基酸种类进行了研究，结果表明冬凌草中含有18种氨基酸，如表6–2所示，其中谷氨酸含量最高，蛋氨酸含量最低。

表6-2 冬凌草中的氨基酸种类及其含量

氨基酸	质量分数/%	氨基酸	质量分数/%
天冬氨酸	7.2	苏氨酸	3.1
丝氨酸	2.4	谷氨酸	9.4
甘氨酸	5.0	丙氨酸	5.2
胱氨酸	1.6	缬氨酸	6.3
蛋氨酸	1.4	异亮氨酸	3.6
亮氨酸	6.8	酪氨酸	3.0
苯丙氨酸	5.0	赖氨酸	4.4
组氨酸	1.8	精氨酸	3.6
脯氨酸	2.7	色氨酸	2.0

（8）糖类成分　冬凌草中含有葡萄糖、*α*-*D*-呋喃果糖、*α*-*D*-葡萄糖苷。侯飞等将冬凌草经过热水、稀碱提取，乙醇沉淀得到冬凌草粗多糖，进一步纯化后得到两个主要组分命名为ST和JT，通过高效液相色谱法对其单糖组成、纯度及分子质量进行了测定，发现ST中主要含有D-半乳糖、D-甘露糖、D-（+）-半乳糖醛酸和D-木糖四种单糖，JT中主要含有D-木糖、L-鼠李糖、D-半乳糖和D-葡萄糖醛酸四种单糖，ST和JT纯度均较高，分子质量分别约为39100和26200。

二、药理作用

1. 抗菌消炎

冬凌草对金黄色葡萄球菌、肺炎双球菌、乙型链球菌均有小剂量抑菌，大剂量杀菌作用，其中肺炎双球菌对之最敏感。另外，冬凌草醇提物对大鼠棉球肉芽肿有抑制作用，对小鼠有镇痛作用。李高申等对抗菌活性较强的冬凌草乙酸乙酯部位进行活性成分分离，利用纸片扩散法（K-B法）筛选抗菌活性成分，结果显示，冬凌草甲素对金黄色葡萄球菌（SA）、耐甲氧西林葡萄球菌（MRSA）、β-内酰胺酶阳性的金黄色葡萄球菌（ESBLs-SA）均有一定的抗菌活性，阿魏酸对SA和MRSA有一定的抗菌活性，水杨酸仅对SA有抗菌活性。宋发军等对产自巴东的冬凌草鲜叶的水提物进行了抗菌活性研究，以平板菌落计数法进行了抑菌实验，研究结果表明：巴东冬凌草鲜叶的水提物具有广谱的抗菌活性，对革兰阳性菌和革兰阴性菌均有抑制作用，且对枯草芽孢杆菌和铜绿假单胞菌具有杀灭作用。陈姗等对冬凌草各部位的抗菌活性进行比较研究，发现冬凌草氯仿部位抗菌活性最强，其对金黄色葡萄球菌、枯草芽孢杆菌、苏云杆菌及耐甲氧西林金黄色葡萄球菌均有明显的抗菌活性；此外，课题组以二甲基硅油、液体石蜡、青刺果油、甘油等作为辅料制备含药5%的冬凌草局部抗菌外用霜剂，选用豚鼠进行该霜剂的急性皮肤刺激性实验及局部抗感染实验，结果发现，该霜剂安全无刺激且有较好的局部抗感染效果。

2. 抗肿瘤作用

（1）对肿瘤细胞的影响　季宇彬等研究了冬凌草甲素注射剂对人胃癌SGC-7901细胞生长的抑制及凋亡诱导作用，并通过检测细胞Ca^{2+}研究冬凌草甲素注射剂诱导SGC-7901细胞凋亡的作用机制。以上结果表明冬凌草甲素注射剂通过升高SGC-7901细胞Ca^{2+}诱导细胞凋亡的发生。冬凌草甲素对人肝癌BEL-7402细胞株杀伤作用：采用体外培养法试验，结果表明冬凌草甲素对BEL-7402有一定杀伤作用，其TCD_{50}为4μg，而五氟尿嘧啶的TCD_{50}为8μg，从生长曲线看，冬凌草甲素的即时作用较强，五氟尿嘧啶的后作用较强。为了探讨冬凌草甲素在肝癌中的治疗作用及其作用机制，张俊峰等以人肝癌细胞株BEL-7402细胞为研究对象，探讨冬凌草甲素对BEL-7402细胞的生长抑制及诱导凋亡机制，研究结果发现，冬凌草甲素能抑制BEL-7402细胞的生长及诱导细胞发生凋亡，降低端粒酶hTERTmRNA的表达水平及端粒酶活性可能是其重要作用机制之一；研究还发现冬凌草甲素能通过降低Bcl-2蛋白表达和上调Bax蛋白诱导细胞发生凋亡，抑制BEL-7402细胞的生长。崔侨等的研究首次提出冬凌草甲素诱导人宫颈癌HeLa细胞发生的自噬与凋亡是相互拮抗的，研究发现，冬凌草甲素激活了促凋亡蛋白Bax，促进了细胞色素c的释放，并且抑制了抗凋亡蛋白Bcl-2和SIRT-1的表达，研究结果表明自噬可以保护HeLa细胞免受冬凌草甲素诱导的凋亡的损害，是一种细胞的保护机制。冬凌草甲素诱导的自噬通过影响SIRT-1和线粒体途径蛋白的表达下调凋亡。张涛等研究了冬凌草甲素（ORI）对人乳腺癌MCF-7细胞周期阻滞信号转导途径和细胞凋亡信号转导途径的调控以及ORI诱导乳腺癌裸鼠移植瘤细胞凋亡的作用，研究结果表明：冬凌草甲素体外抗乳腺癌机制主要与引起细胞DNA损伤、诱导细胞周期阻

滞从而抑制细胞增殖以及通过线粒体和死亡受体途径诱导细胞凋亡实现。ORI体内抗乳腺癌机制主要通过诱导细胞凋亡实现，且体内试验证实：ORI无明显的毒副作用。车宪平等以C57BL/6小鼠原位膀胱肿瘤模型为研究对象，探讨冬凌草甲素（ORI）和冬凌草多糖（RRP）膀胱灌注治疗C57BL/6小鼠膀胱肿瘤的疗效及机制，研究结果表明ORI、RRP具有明显的抗C57BL/6小鼠膀胱肿瘤作用，其作用机制可能与诱发肿瘤细胞凋亡有关，且对C57BL/6小鼠全身重要器官未见明显影响。王一飞等采用体、内外抑制实验对冬凌草多糖的抗肿瘤活性进行了研究 ，研究结果表明冬凌草多糖对肿瘤细胞具有抑制作用，其抑瘤活性可能与其免疫增强作用有关。刘明月等研究了冬凌草甲素对人结肠癌HCT-8细胞株的抑制生长及诱导凋亡的作用，研究结果表明冬凌草甲素对人结肠癌细胞株HCT-8的生长具有明显的生长抑制作用，且在一定浓度范围内存在量效依赖关系，其作用机制可能与冬凌草甲素可将结肠癌HCT-8细胞阻滞于G2/M期，且可通过caspase途径诱导凋亡有关。柳悄然等研究了冬凌草甲素对人肺癌NCI-H460细胞侵袭和迁移的影响，结果表明冬凌草甲素能抑制NCI-H460肺癌细胞的侵袭和迁移，其作用与下调基质金属蛋白酶2（matrix metalloproteinase 2，MMP-2）和金属蛋白酶9（MMP-9）表达有关。尹波等应用C6大鼠脑胶质瘤细胞株建立了该肿瘤BALB/C裸鼠异种移植模型，探讨冬凌草甲素对C6大鼠脑胶质瘤裸鼠异种移植模型的抗肿瘤疗效，研究结果表明冬凌草甲素对大鼠C6

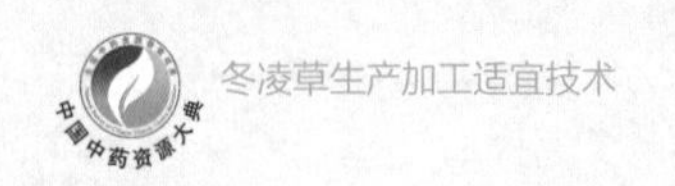

脑胶质瘤的增殖具有一定的抑制效果。

（2）对小鼠白血病L_{1210}和小鼠S_{180}细胞动力学的影响　采用显微光度术和放射自显影相结合的方法，试验发现，冬凌草甲素可诱导G_2+M期细胞堆积，此时两种细胞的MI为对照组的2～3倍。IKEZO等研究发现，冬凌草甲素可抑制成人T细胞白血病细胞株MT-1、急性T淋巴细胞白血病细胞株Jurkat细胞和多发性骨髓瘤细胞株RPM18226细胞的生长，且时间依赖性诱导MT-1细胞凋亡。刘加军等以不同质量浓度（8、16、24和32μmol/L）的冬凌草甲素作用于体外培养的白血病NB4细胞，结果发现冬凌草甲素（16mmol/L以上浓度）对白血病NB4细胞具有显著的增殖抑制及诱导凋亡作用，并且呈现出一定的时间—效应和剂量—效应关系，其机制为冬凌草甲素能够通过激活caspase-3的表达从而诱导NB4细胞发生凋亡。张俊峰等以急性早幼粒细胞性白血病（APL）患者的骨髓原代细胞为研究对象，观察冬凌草甲素对原代APL白血病细胞的生长抑制及其诱导凋亡作用，结果显示冬凌草甲素对原代培养的APL白血病细胞具有明显的生长抑制及诱导凋亡作用，这些作用与冬凌草甲素对其他急性白血病细胞株如NB4细胞的作用基本相似。郭勇等观察经冬凌草甲素处理后的急性单核细胞白血病THP-1细胞发现，冬凌草甲素抑制THP-1细胞增殖的作用呈浓度及时间依赖性，且可诱导细胞凋亡。冬凌草甲素处理72小时后，通过形态学观察及流式细胞术检测发现冬凌草甲素能明显诱导THP-1细胞凋亡，具有明显的抗白血病

效应。其机制为冬凌草甲素是一种THP-1细胞多靶点信号转导通路抑制剂，能够同时抑制细胞内Akt/mTOR和Raf/MEK/ERK信号转导通路的活化，并由此发挥显著的抗白血病效应。

（3）对肿瘤细胞钠泵活性的影响　吴孔明等以^{86}Rb示踪法，观察三种肿瘤细胞的钠泵运转活性及冬凌草甲素对其的影响，结果表明，冬凌草甲素注射及体外作用均能显著抑制艾氏腹水癌细胞的钠泵运转功能，而且对钠泵活性高的人癌细胞系（7901，Hep-2）的抑制作用较强，并且冬凌草甲素和博来霉素A_5联用，可增强这种作用。

（4）对小鼠肿瘤核苷酸代谢的影响　用药后胸腺嘧啶核苷酸掺入肿瘤细胞的酸不溶部分（DNA）减少，而酸溶部分游离的胸腺嘧啶核苷酸增多，提示冬凌草甲素可能阻断了脱氧核苷酸底物聚合形成DNA的过程。

（5）诱导细胞凋亡　谢晓原等采用噻唑蓝比色法（MTT）、透射电镜及流式细胞术研究冬凌草甲素（ORI）诱导人食管癌SHEE细胞凋亡的效应及其机制，研究发现ORI对SHEE细胞的生长有显著的抑制作用，64μg/ml的ORI作用24小时、48小时及72小时对SHEE细胞生长的抑制率分别为78.7%、89.5%及91.7%，32μg/ml的ORI作用8小时后，线粒体内部结构消失，细胞核呈细胞凋亡的典型改变，作用24小时后，流式细胞仪检测凋亡率为47.7%，细胞周期图像显示明显的凋亡峰。其研究结果表明ORI可诱导SHEE细胞凋亡，其机制可能与

线粒体凋亡途径有关。刘俊保等采用MTT法及流式细胞术研究冬凌草甲素对食管鳞状细胞癌EC9706细胞增殖、凋亡的影响，MTT法显示冬凌草甲素作用于EC9706细胞株后，抑制率随浓度增高而增高，流式细胞仪检测结果显示，冬凌草甲素作用EC9706细胞48小时后，G1/ G0期细胞均显著增多，细胞凋亡结果显示，冬凌草甲素均能明显诱导EC9706细胞凋亡，冬凌草甲素40μmol/L组的作用效果最佳，研究结果表明，冬凌草甲素可抑制EC9706细胞增殖、促进细胞凋亡。刘加军等探讨了冬凌草甲素对白血病HL-60细胞的诱导凋亡作用及其作用机制，结果表明冬凌草甲素对HL-60细胞具有显著的诱导凋亡及增殖抑制作用，升高P53蛋白的表达水平及降低细胞端粒酶活性可能是其重要作用机制之一。王筠等采用DNA凝胶电泳及流式细胞术，试验结果显示冬凌草甲素能显著的诱导HL-60细胞的凋亡，且其作用呈明显的浓度效应关系和时间依赖性。

（6）与其他抗癌药物的协同作用　有文献报道冬凌草甲素加DDP治疗S180带瘤小鼠的存活延长%（ILS%）为121.1%，与两药单用的ILS%之和（53.1%）相比，表现出明显的协同作用。此外，冬凌草甲素和博来霉素A_5联用，可增强博来霉素对艾氏腹水癌细胞的杀伤作用。李银英等研究表明，2-甲氧基雌二醇与冬凌草甲素联合应用时，对胃癌SGC-7901肿瘤细胞增殖的抑制表现为相加作用。

3. 抗突变作用

杨胜利等采用Ames试验及小鼠骨髓嗜多染红细胞微核试验探讨冬凌草甲素的抗突变作用，结果表明，冬凌草甲素在未加S9的情况下，对TA98及TA100回复突变具有明显的抑制作用，其最高抑制率分别达到89.1%和80.2%。杨胜利等用大鼠肺及肝原代细胞非程序DNA合成（Unscheduled DNASynthesis，UDS）实验检测冬凌草甲素对UDS的影响，研究发现冬凌草甲素能明显抑制盐酸氮芥（NH_2·HCl）诱导的肝原代细胞的UDS水平，其抑制率达73.8%，结果表明，冬凌草甲素具有明显的抗DNA突变作用。有研究表明，冬凌草甲素、乙素均可降低大鼠肝微粒体中细胞色素P_{450}含量，使其生成减少，并可抑制苯巴比妥及强致癌物质的P_{450}诱导作用。P_{450}可激活多种致癌物与核酸等大分子物质结合而引起癌变。

4. β受体拮抗作用

冬凌草甲素可阻断心肌的的β受体，表现出负性肌力和负性频率作用，作用强度较普萘洛尔弱一个数量级，为一级的β受体阻断剂。

5. 抗氧化作用

有研究表明冬凌草甲素具有清除羟自由基的作用，并推测此作用与四环碳骨架连有一个或多个经基，同时具有两个双键的母核结构有关。选取羟自由基、超氧阴离子自由基、一氧化氮和谷胱甘肽作研究指标，观察冬凌草甲素

（ORI）、冬凌草乙素（PON）清除自由基的能力及肝细胞保护作用，研究发现ORI可有效的清除羟自由基。此外，徐霞等采用比色法对冬凌草中腺花香茶菜素、冬凌草甲素、黄花香茶菜素、毛叶香茶菜醇、香茶菜醛5种二萜类化合物的抗氧化作用进行了研究，结果发现此5种二萜类化合物有抗氧化作用。侯飞等报道了冬凌草多糖为复杂的杂聚多糖，且具有一定的抗氧化活性。

6. 保肝作用

秦方园等研究表明，冬凌草甲素对肝脏细胞有抗氧化损伤的保护作用，冬凌草甲素是细胞内重要转录因子Nrf2的激活剂，通过激活Nrf2及其下游基因降低细胞内活性氧，减轻有害物质对肝细胞造成的氧化损伤。姚会枝等对冬凌草提取物进行急性毒性、慢性毒性、长期毒性实验，证实了冬凌草提取物长期服用无毒性以及对肝损伤的保护作用，在此基础上研究了冬凌草甲素对小鼠酒精性肝损伤的保护作用，结果提示冬凌草提取物对四氯化碳致小鼠慢性肝损伤有保护作用和抗慢性肝纤维化作用。

7. 毒性

冬凌草甲素对大鼠或犬的骨髓抑制和免疫抑制作用很小，乙素对骨髓无明显影响，但有轻度的免疫兴奋作用，两化合物对肝、肾均无明显影响。左海军等研究了冬凌草甲素对人黑色素瘤细胞A375-S2、小鼠纤维肉瘤细胞L929、人白血病细胞系K562、人组织淋巴瘤细胞U937以及人早幼粒白血病细胞HL-60

这几种肿瘤细胞的细胞毒作用，以人黑色素瘤A375-S2细胞最敏感，同时显示3种来自血液系统的癌细胞对甲素也敏感，实验结果提示冬凌草甲素对肿瘤细胞的细胞毒作用具有选择性及低毒性。

三、生物技术在冬凌草研究中的应用

采用现代生物技术可以提高冬凌草繁殖系数；明确萜类合成过程中关键酶的基因；调控冬凌草甲素等次生代谢产物的积累等。现就外植体和培养基的选择、药用成分累积的影响因素、悬浮细胞培养应用和分子技术应用等方面，综述了生物技术在冬凌草中的主要研究进展，为进一步开发利用冬凌草药物资源提供参考。

1. 外植体与培养基的选择

外植体是指应用包括各种植物器官、组织、细胞和原质体等进行组织培养。冬凌草一般采用子叶、茎段、叶片等作为外植体进行培养，培养基大多以MS或1/2MS为基本培养基，蔗糖浓度3%，pH值为5.8～6.2，另外不同培养阶段对培养基的要求也不尽相同。贾星远以冬凌草花瓣为外植体，在1/2MS附加不同激素配比的培养基上诱导愈伤组织，发现1/2MS+6-BA 2.0mg/L+2，4-D 0.5mg/L为冬凌草花瓣愈伤组织诱导最佳培养基。李冬杰等以冬凌草叶片为外植体，MS为基础培养基，对诱导愈伤组织及褐化进行研究，结果表明：培养基中植物激素的种类、浓度及其组合对愈伤组织增殖及褐变影响较大。适宜浓度的2,4-D，IAA和分裂素及GA_3，能不同程度地减轻或抑制褐化，促进愈伤组织的生成，其中以MS+2,4-D 2.5mg/L+KT 0.2mg/L+GA_3 0.2mg/L效果最好。李景原等用冬凌草叶和嫩茎为外植体，用组织培养、细胞悬浮培养和单细胞平板培养技术，诱导出冬凌草愈伤组织，发现：从冬凌草叶和嫩茎诱导愈伤组织，以MS+2,4-D 1mg/L+NAA 0.5mg/L培养基较好，愈伤组织诱导率高达96.80%。用普通单细胞平板培养法培养冬凌草单细胞的植板率很低，而以悬浮培养15～18天的单细胞为材料，接种密度为5×10^3个/ml时，进行条件培养和看护培养，植板率达21.63%。徐莉莉等以茎段为外植体对冬凌草芽增殖、生根和愈伤组织诱导的最佳培养基配方进行筛选。结果表明：不定芽诱导的最适培养基为MS+0.2mg/L IBA+0.1mg/L 6-BA+0.2mg/L NAA；生根培养基为1/2MS+1mg/L IBA+1g/L活性炭；以冬凌草茎段为外植体诱导愈伤组织最佳培养基为MS+1.5mg/L 6-BA+2mg/L 2,4-D。苏秀红等以冬凌草叶片为外植体，并对不同外植体（茎、叶）诱导愈伤、芽的分化能力进行研究得出：以MS为基本培养基的冬凌草离体培养过程中，冬凌草愈伤组织诱导和增殖的最优培养基为MS上附加6-BA浓度2.0mg/L，NAA浓度1.0mg/L，诱导率达到100%，不定芽分化的最优培养基为MS上附加6-BA浓度2.0mg/L，平均每瓶29.32个芽，再生植株生长的最优培养基为MS上附加6-BA浓度2.0mg/L，

NAA0.1mg/L，叶片和茎段在愈伤诱导培养基上均能产生大量的愈伤组织，但其再分化能力以茎段最好最优的生根培养基为MS附加IBA浓度0.3mg/L，生根率为78.56%。

2. 影响冬凌草中主要药用成分积累的因素

植物组织培养不仅可以促进植物的生长发育，缩短植物生长周期，减少植株携带病菌，还能够增加植株内次生代谢产物的积累。为了提高冬凌草中有效成分的含量，学者专家对冬凌草组织培养进行了不同的物理、化学因素的调控。

（1）植物调节剂　组织培养过程过，往往会在基本培养基的基础上添加一些植物调节剂来调节植物组织分化与生长，常用的植物调节剂一般为生长素与细胞分裂素，在组织培养过程中常单独或配合使用，常用的生长素包括有IAA（吲哚乙酸），NAA（萘乙酸），2,4–D（二氯苯氧乙酸），常用细胞分裂素有6–BA（苄基腺嘌呤），KT（激动素）。在对冬凌草组织培养中，贾星远在对不同激素对冬凌草愈伤组织次生代谢产物的影响的研究中发现，6–BA与冬凌草花瓣愈伤组织中冬凌草乙素的生物合成成正相关，相关系数为0.684且具有显著性，当其浓度为2mg/L时冬凌草乙素浓度达到最高。由此可知，植物调节剂对冬凌草有效成分有一定的调节作用。

（2）碳源、氮源　碳源、氮源是组织培养过程中植株生长的能量来源，调节植株生长发育，调控者植株生理代谢，为植株集体运转提供能量，因此培养基重碳源、氮源扮演者非常重要的角色。董诚明等通过调节培养基碳源与NO_3^-/NH_4^+比例研究冬凌草再生植株生长及次生代谢产物合成的影响，发现3%蔗糖有利于冬凌草再生植株的生长和冬凌草甲素的积累，5%蔗糖有利于迷迭香酸的积累；NO_3^-/NH_4^+比例为2∶1时再生植株生长和次生代谢产物积累最佳。周友红等考察碳源、氮源对冬凌草愈伤组织重迷迭香酸积累的研究中得出：碳源蔗糖为40%时，有利于冬凌草愈伤组织的增殖和迷迭香酸的积累，硝态氮比例较大时有利于迷迭香酸的积累。李汉伟等对培养基中蔗糖浓度和碳源种类，考察不同碳源及其浓度对愈伤组织生长和迷迭香酸积累的影响中得出：蔗糖是冬凌草愈伤组织培养中的最佳的碳源，其浓度为3%时，有利于冬凌草愈伤组织的生长和迷迭香酸的积累；NO_3^-/NH_4^+比例比例2∶1时，迷迭香酸的积累量最大。综上说明碳源、氮源对冬凌草再生植株的生长和次生代谢物合成有明显的影响。

（3）稀土元素　据研究表明，组织培养过程中适当加入稀土元素对冬凌草有效成分积累具有一定的诱导作用，能够明显增加其代谢产物的生成。张艳贞等在冬凌草愈伤期培养基重加入不同浓度La^{3+}和Ce^{3+}，对愈伤组织中冬凌草甲素、乙素积累情况进行研究，结果表明：$CeCl_3·7H_2O$与La^{3+}浓度分别为10μmol/L、0.1μmol/L时能够显著提升冬凌草愈伤组织生物量和冬凌草乙素的含量，而对冬凌草甲素无作用。曹利华等对稀土元素对冬凌草再生植株生长的影响的研究中，La^{3+}和Ce^{3+}能够促进组织培养再生植株的生长、叶片的分化及植株的健壮度，且效果显著；根据苏秀红等对再生植株冬凌草主要次生代谢产物积累研究可知，冬凌草甲素积累合成与培养物叶绿体数目的多少及内部维管系统的分化有着紧密的联系，苏秀红在对冬凌草组织培养物中主要次生代谢产物积累动态的研究中可知：说明冬凌草甲素的合成与植物的茎、叶器官的形成有着密切的关系，而曹利华在对植株生长的影响中，稀土元素促进其生长，可说明稀土元素能够促进冬凌草有效成分的合成。另董诚明等对稀土元素镧和铈对冬凌草再生植株生长及次生代谢产物的影响研究中发现，适宜浓度的镧、铈能促进冬凌草再生植株的生长及次生代谢产物冬凌草甲素、冬凌草乙素、迷迭香酸的合成，而高浓度10μmol/L $LaCl_3·7H_2O$具有抑制的情况。综上可知，稀土元素在组织培养过程中能够促进冬凌草生物量及次生代谢产物的积累，由此可以说明稀土元素对冬凌草此生代谢产物的累积有应用价值，所以在冬凌草规范化种植中可以改善其肥料的配比，对其产量及质量有一定的指导意义。

（4）光质　植物为自养型生物，主要通过光合作用生成自身所需养分，所以光是植物赖以生存的主要因素，自然环境条件下主要为自然光，为杂色光，但研究表明，不同光质对植物生长有一定影响，同样会影响到植物次生代谢产物的积累。董诚明研究白、红、蓝、绿、黄及黑暗六种不同光质下进行培养，对冬凌草无菌苗生长及质量的影响，发现：白光有利于冬凌草种子诱导成

无菌苗、生物量积累及根的诱导，且有利于冬凌草甲素的产生；红光和黄光促进无菌苗根、茎的伸长生长；绿光抑制冬凌草甲素的产生。董诚明在对不同光质对冬凌草愈伤组织生长和次生代谢产物的影响中发现：在红光下的愈伤增殖最大，在暗处愈伤中迷迭香酸含量最高。由此说明不论在愈伤阶段，亦是在无菌苗阶段不同光质对冬凌草代谢产物均有一定的影响。苏秀红等在对不同光质对冬凌草再生植株生长及次生代谢产物的积累中，研究中发现：不同光质对冬凌草再生植株生长及次生代谢产物（冬凌草甲素和迷迭香酸）积累均有很大影响。

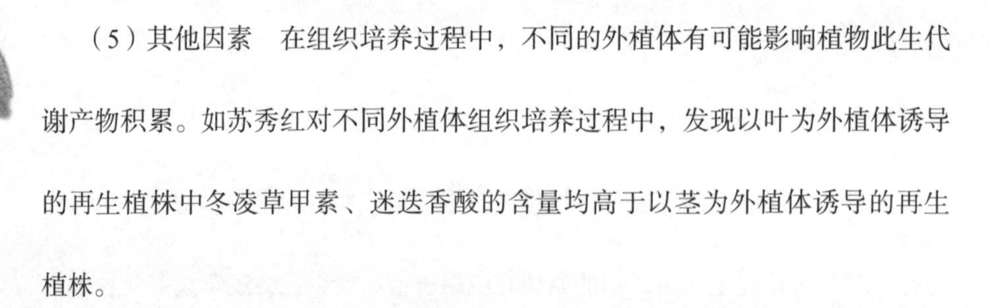

（5）其他因素　在组织培养过程中，不同的外植体有可能影响植物此生代谢产物积累。如苏秀红对不同外植体组织培养过程中，发现以叶为外植体诱导的再生植株中冬凌草甲素、迷迭香酸的含量均高于以茎为外植体诱导的再生植株。

3. 冬凌草悬浮细胞培养的应用

细胞培养技术的兴起，为工业化、规模化生产提供了可行条件。在生产中的大体程序为：优选外植体诱导愈伤组织——→愈伤组织继代培养——→细胞悬浮培养。扩大细胞培养，为利用细胞技术工业化生产获取植物此生代谢产物提供理论依据。

悬浮体系的建立，2,4-D，NAA和6-BA 3种激素组合时，有利于悬浮细胞的生长，相对于单因子更有效果，孟灿优选出冬凌草悬浮细胞培养基为MS+1.0mg/L 2，4–D+0.5mg/L NAA+0.1mg/L 6–BA，并研究了前体物（丙酮酸、叶绿素）、刺激剂（水杨酸、茉莉酸甲酯、苹果酸、ATP，AMP）、稀土元素（镧、铈）以及抑制剂（赤霉素、氯化氯胆碱）对冬凌草细胞中冬凌草甲、乙素的影响。结果表明，前体物、刺激剂、稀土元素和抑制剂均不能诱导细胞中冬凌草甲素的产生，但上述物质对冬凌草细胞中冬凌草乙素的累积量有显著影响。且当丙酮酸、水杨酸、茉莉酸甲酯、苹果酸、ATP、AMP、赤霉素、氯化氯胆碱、镧离子、铈离子的浓度分别为5ml/L，10μmol/L，50μmol/L，0.5mmol/L，200mg/L，40mg/L，2mg/L，0.1mmol/L，0.1μmol/L，10μmol/L时均使冬凌草甲、乙素含量最高的样品细胞中冬凌草乙素含量达到最大；其中ATP，AMP还能促进含冬凌草甲、冬凌草甲、乙素的样品细胞中冬凌草乙素的合成，当ATP，AMP浓度分别为200mg/L，40mg/L时，效果最好。刘晨等以冬凌草悬浮培养细胞为材料，研究不同浓度的2种稀土离子镧和亚铈对冬凌草细胞分泌和释放冬凌草甲素的影响，结果表明：添加不同种类、不同浓度的稀土离子均可促进冬凌草甲素的合成。添加镧离子的细胞合成的冬凌草甲素明显高于添加铈离子的细胞。当细胞处于延滞期时，添加稀土元素并未产生明显的影响；悬浮培养指数期和稳定期加入稀土元素，均可促进冬凌草细胞对冬凌草甲素的合成，且在稳定期添加稀土元素的效果更加显著。在稳定期加入500μl镧溶液的培养液，

获得的冬凌草甲素含量最高，可达28.89mg/g。

4. 组织培养技术在冬凌草上应用前景

冬凌草的组织培养技术已经取得了很大的进展，冬凌草的初代愈伤组织的诱导相对容易，用茎、叶、芽、花、子叶和胚诱导愈伤组织的诱导率相对较高，冬凌草悬浮培养在摇瓶中已经获得了成功，只是还没有进行中期试验与工厂批量生产。因此还需对冬凌草悬浮培养进一步进行研究。目前可以用冬凌草无菌苗、愈伤组织、悬浮细胞和生产冬凌草甲素、乙素和迷迭香酸等，但冬凌草愈伤组织和悬浮细胞均没有获得冬凌草甲素，这可能与冬凌草甲素、冬凌草组织结构有关。另外，组织培养对冬凌草再生植株的研究中，添加稀土元素、改变植株光源、添加激素等都可诱导冬凌草植株代谢产物的积累，以提高冬凌草植株生物量，因此可以为后期冬凌草种植提供参考，也可指导冬凌草肥料配比，为农药调剂及合理栽培提供科学依据，最终目的是提高冬凌草产量与质量，为冬凌草后期规范化栽培提供科学依据。

5. 分子技术在冬凌草中的应用进展

分子技术从基因水平进行标记，不受环境因素、个体发育阶段及组织部位的影响，多态性强，已成为生物学主要遗传标记手段之一。这种技术发展迅猛，至今已有10余种分子技术相继出现，并在各个领域被应用。笔者对国内外分子技术在冬凌草中的应用研究进行了总结，其中包括分子遗传多样性与种质鉴定和基因克隆等在冬凌草上的应用进展，旨在为分子技术在冬凌草中的进一步应用提供理论基础。

（1）遗传多样性与种质鉴定　分子技术可以对物种水平上不同居群、不同品种间亲缘关系及遗传多样性进行有效的分析，判断物种间亲缘关系及遗传水平上的差异，进而可以区分品种间的差异，运用其分子遗传距离将不同物种或品种进行划分，结合其质量或性状可进一步对其目的基因进行定位，为育种提供优良亲本，节约育种时间。陈随清等利用RAPD和ISSR分子标记技术对来自23个主要分布区的冬凌草进行遗传多样性和亲缘关系分析。结果表明：10条RAPD多态性引物，对供试材料进行PCR扩增后共获得84条条带，其中多态性条带77条（PPB=91.67%），23份材料间的遗传相似系数（GS）为0.71～1.00；ISSR多态性引物5条，对供试材料进行PCR扩增后共获得21条条带，其中多态性条带16条（PPB=76.19%），23份材料间的遗传相似系数（GS）为0.55～1.00。聚类分析结果，不同地区冬凌草基因水平的分类具有较强的地域性。分布于伏牛山的冬凌草明显聚为一类，分布于太行山的冬凌草则聚为另一类。两种标记结果呈显著相关性，相关系数为0.6365。说明我国冬凌草植物的遗传多样性十分丰富，该研究为筛选优质种质资源提供了丰富的遗传基础。苏秀红等对冬凌草转录组SSR位点分析及多态性初步评价，共发现11114个SSR，分布于8873条独立基因中，SSR位点出现频率为24.90%，共有55种重复基元，平均每3517bp

含1个SSR位点。SSR位点所包含的重复类型中，二核苷酸重复是主要类型，占总SSR的47.71%；其次是单碱基重复类型（35.46%）。SSR所包含的重复基元中，单核苷酸重复基元A/T和二核苷酸重复基元AG/CT是优势重复基元，分别占总SSR的34.95%、30.16%。多态性进行评价结果表明冬凌草转录组SSR类型丰富，多态性潜能高。

（2）基因克隆　根据二萜类化合物的合成存在的两种途径，即甲羟戊酸（MVA）途径和2-甲基-D-赤藻糖醇-4-磷酸（2-C-methyl-erythritol-4-phosphate，MEP）途径。朱畇昊等克隆出MVA代谢途径中的起始酶乙酰辅酶A酰基转移酶（acetyl-CoA acetyltransferase，EC：2.3.1.9，AACT）和MVA途径中的一个催化酶羟甲基戊二酰辅酶A合酶（3-Hydroxy-3-methylglutaryl-coenzyme Asyntheses，HMGS）。结果：克隆得到的IrAACT基因全长1254bp，编码417个氨基酸；克隆冬凌草IrHMGS基因，DNA全长1382bp，编码460个氨基酸，且采用荧光定量PCR发现，IrAACT与IrHMGS在冬凌草组培苗叶和根中的表达量显著高于在组培苗花、茎和愈伤组织中的表达量。为进一步阐述该基因在冬凌草二萜类成分合成途径中的功能奠定了基础。苏秀红等在冬凌草转录组信息数据的基础之上，采用逆转录PCR技术克隆到冬凌草二萜类合成的关键酶基因：异戊烯基焦磷酸异构酶基因（isopentenyl diphosphate isomerase，IDI），并对其相关生物学信息分析，得出：IDI cDNA基因全长1050bp，基因开放阅读框为906bp，编码301个氨基酸，其蛋白质序列理论分子量为27.4kDa，等电点为5.06，是一种亲水性蛋白。采用实时荧光定量PCR法分析其组织表达模式，发现IDI在叶中表达量相对较高，在愈伤组织中表达量最低。尹磊成功克隆分析了二萜类合成代谢路径途径中的5-磷酸脱氧木酮糖还原异构酶（1-deoxy-D-lxyluloses-phosphatereduet oisomerase，DXR）、2-C-甲基赤鲜醇-2,4-环焦磷酸合成酶（2-C-methyl-D-erythritol-2,4-cyclodiphosphate synthase，ISPF）、二甲基烯丙基焦磷酸合成酶（4-hydroxy-3-methylbut-2-enyl diphosphate reductase，ISPH）基因，发现DXR基因开放阅读匡为1422bp，编码473个氨基酸组成的蛋白质序列，蛋白分子量为51390.2，等电点为6.09；ISPF基因开放阅读框为708bp，编码196个氨基酸组成的蛋白质序列，蛋白分子量为20870.1，等电点为6.75；ISPH基因开放阅读框为1389bp，编码462个氨基酸组成的蛋白质序列，蛋白分子量为52094.0，等电点为5.82。

（3）其他分子技术　依据农艺性状，借助ISSR分子标记技术对其性状的稳定性及优势类型进行考证。对冬凌草染色体和性进行分析，发现冬凌草染色体数目为2n=2x=24，相对长度组成为$2n=2x=24=10M_2+14M_1$，核型公式为K（2n）=2x=24=16m+8sm。分子印记技术也已经应用到冬凌草有效成分聚合物的制备。

6. 组织培养与分子技术在冬凌草上应用前景展望

从20世纪50年代分子技术至今不过几十年，但分子技术发展迅速，已经应用到各个领域中，但对于冬凌草分子技术应用水平相对较低，主要只集中在基础研究阶段。笔者认为冬凌草分子技术的应用应进一步深化，对冬凌草进行精确的系统分类鉴定，获取相关的生物学和农艺学信息，特别是一些与重要农艺性状相关的功能基因鉴定和发掘利用，进一步了解种质对环境的适应能力，把提高生产力和提高药材质量作为主要目标，积极探索相关基础理论，重点从资源的分类、亲缘关系、遗传多样性和栽培生理、构建冬凌草遗传图谱、对冬凌草目标性状（抗逆性、抗病性、耐寒性、耐阴性等）进行基因定位等方面开展深入系统研究，依据分子技术对冬凌草种质进行改良，获取优质高产冬凌草新品种，为更好地开发利用冬凌草种质资源提供科学的理论依据。

四、临床应用

1. 药用价值

对冬凌草药用价值的研究始于20世纪70年代，研究结果表明冬凌草所含的冬凌草甲素、冬凌草乙素活性是抗肿瘤的有效成分；迷迭香酸、齐墩果酸，具有显著的抗菌消炎、抗菌消肿的作用。近年来的药理研究也充分证明了冬凌草有良好的消炎、抗菌、镇痛作用。冬凌草作为一种显著的抗菌消炎药，在临床应用中已得到肯定。对急性化脓性扁桃体炎、急慢性咽炎、口腔炎、疗效显著。目前已有的冬凌草产品主要包括冬凌草片、冬凌草含片、冬凌草糖浆、冬凌草胶囊等药品，其中，以冬凌草黄金产区的济源市济世药业联合河南中医学院推出的独家产品——复方冬凌草含片为市场的主导产品。为加快冬凌草的科研与深度开发进度，2004年与美国美瑞华国际企业公司、拉斯维加斯ACV国际公司董事长陈嵩生签订冬凌草系列产品开发投资协议，建立了中成药出口基地，使冬凌草产品走出了国门。目前，济源冬凌草制成的产品销售遍及全国，并远销中国香港，日本及东南亚各国。国内销售市场占有率为60%。

冬凌草是目前抗癌草药中抑制率较高者之一。对食管癌、喷门癌、膀胱癌有一定的疗效。对肝癌、乳腺癌、直肠癌也有一定缓解作用。目前，济源市和中科院昆明植物研究所、上海药物研究所等科研院校达成开发冬凌草抗癌片、冬凌草抗癌粉针等高端产品的合作协议，进行共同高端产品的开发，这些产品具备良好的产业发展前景。有关研究还表明，冬凌草与化疗、其他抗癌药物配合治疗癌症有明显的增效作用，毒性均未增加。综上所述，冬凌草是一种当代新崛起的很有生命力的药用植物。

2. 经济价值

在冬凌草药用价值不断被发掘的同时，人们也发现了其较好的经济价值。济源全市济世药业有限公司是济源当地乃至全国范围比较有影响力的一家，其产品主要以药品和茶饮品为主，近年来又加大了冬凌草保健品的研发力度并成功推出了一系列产品，是济源市冬凌草产业的中坚力量。以冬凌草为主的有冬凌草青炒茶、冬凌草保健茶、冬凌草糖浆、冬凌草牙膏等系列产品，具有疏风清热、解毒利咽、抗菌消炎的功效，治疗咽炎、喉炎、扁桃体炎、口腔炎效果显著。冬凌草保健茶科学添加传统中草药等功能成分，以甘苦爽口、清咽利喉为特点，风味更有特色，已成为饮品市场的新亮点。同时，随着冬凌草甲素、乙素等提取技术的成熟，和其抗癌效果被医药界的认可，冬凌草抗癌药片、洗涤剂、牙膏、食品等新项目的开发，使其市场需求呈现快速增长趋势，冬凌草产业发展前景广阔。

3. 其他价值

冬凌草适应能力强，根系发达，萌蘖力强，生长迅速，是优良的水土保持植物，适宜水土流失和干旱地区可将其作为生态经济植物推广栽培。研究表明常规栽植的冬凌草一年生覆盖度为60%，二年生覆盖度达90%以上。可有效地承接降雨，削减雨滴对土壤的击溅作用，其落叶可保护地表免遭降雨的击溅和径流作用。冬凌草根系发达，可增强土壤的抗蚀能力。在相同的坡度条件下，种植冬凌草可比荒坡地减少土壤侵蚀量达88.1%。随着其生育期的增加，根系不断扩张伸展，穿透力强，可使表层土壤疏松多孔，有利于地表水渗入土壤，同时促进土壤团粒结构的组成。

参考文献

[1] 贾永贵. 野生冬凌草无公害栽培技术 [J]. 现代农业科技，2009 (4)：33–34.

[2] 王新民，李明，介晓磊，等. 冬凌草GAP栽培技术标准操作规程 [J]. 安徽农学通报，2006，12 (6)：142–144.

[3] 孔四新，段延恒，李延福，等. 冬凌草的人工栽培与水土保持效益试验研究 [J]. 中国水土保持，1992 (6)：30–35.

[4] 许红艳，李章成，丁德蓉. 冬凌草的栽培与利用 [J]. 特种经济动植物，2004，7 (2)：28–30.

[5] 刘启慎. 优良药用水保植物——冬凌草 [J]. 河南林业科技，1995 (1)：41–42.

[6] 张建鹏，尚霄丽，付向凌. 冬凌草及其高效栽培管理技术 [J]. 现代园艺，2013 (19)：26–27.

[7] 陈随清，董成明. 太行山区冬凌草生态环境及生物学特性研究 [J]. 中国野生植物资源，2005，24 (4)：33–35.

[8] 王新民，谢彩香，陈士林，等. 冬凌草适宜产区区划研究 [J]. 安徽农业科学，2008，36 (31)：13677–13680.

[9] 董诚明，苏秀红，李增光，等. 两种冬凌草种子的生物学特性及蛋白质电泳的比较研究 [J]. 河南科学，2008，26 (1) 39–41.

[10] 李晓婷. 冬凌草种子质量标准及检验规程的研究 [D]. 河南中医药大学，2013.

[11] 郭萍，李玉山，郭远强. 冬凌草化学成分和药理活性研究进展 [J]. 药物评价研究，2010，33 (2) 144–147.

[12] 孙汉董，韩全斌. 冬凌草的植物资源、化学和抗癌活性成分的研究 [C]. 中国植物学会七十周年年会论文摘要汇编 (1993—2003). 2003.

[13] 常东东，李建中，魏玉君. 核桃—冬凌草复合间作效益研究 [J]. 现代农业科技，2014 (1)：106–107.

[14] 丁鑫，沈植国，焦书道，等. 林下冬凌草栽培技术规程 [J]. 河南林业科技，2015，35 (4)：50–51.

[15] 李洋，董诚明，徐鹏，等. 冬凌草适宜采收期的研究 [J]. 中国现代中药，2014，16 (10)：824–828.

[16] 陈随清，董诚明，郑晓珂，等. 冬凌草不同采收期迷迭香酸的含量变化 [N]. 中医学报，2003，18 (6)：29–30.

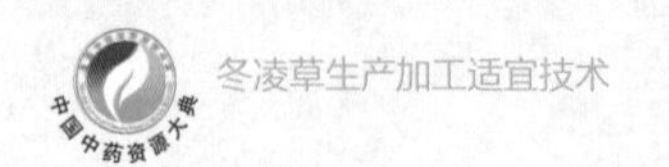

[17] 宋俊骊，余卫兵，孔增科，等. 冀南地区不同采收期冬凌草的质量考察 [J]. 河北医药，2009，31（23）：3299-3300.

[18] 吴娇，尤敏，王庆，等. 冬凌草最佳采收期的研究 [N]. 植物科学学报，2005，23（2）：174-178.

[19] 宋立人. 现代中药学大辞典 [M]. 人民卫生出版社，2001.

[20] 王晓燕，常断玲，李振国. 不同加工工艺对冬凌草茶中冬凌草甲素含量的影响 [J]. 中国卫生检验杂志，2010，20（8）：1902-1903.

[21] 戴一，宋祖荣，李静. 冬凌草茶中多糖、总黄酮及冬凌草甲素浸出特性研究 [J]. 井冈山大学学报（自然科学版），2015（3）：93-98.

[22] 李高申，张伟，彭涛，等. 河南产冬凌草的质量评价 [J]. 中国实验方剂学杂志，2013，19（16）：94-96.

[23] 郑晓珂，董三丽，冯卫生. 冬凌草的质量控制研究 [J]. 中国实验方剂学杂志，2005，11（02）：10-13.

[24] 贾绪初，付立志. 抗癌植物——冬凌草 [J]. 资源开发与保护杂志，1988，24（2）：51.

[25] 靖慧军，陈随清，冯卫生，等. 冬凌草不同部位迷迭香酸及冬凌草甲素的含量测定 [J]. 中药材，2004，27（6）：413-414.

[26] 廖伟玲，杜卓，张婷，等. 不同产地冬凌草定性定量质量评价 [J]. 中南药学，2010，8（12）：912-915.

[27] 陈随清，崔璨，裴莉昕，等. 不同产地和来源冬凌草药材的质量评价 [J]. 中国实验方剂学杂志，2011，17（15）：122-126.

[28] 陈随清，杜英峰，崔璨，等. 冬凌草二萜类成分的化学指纹图谱研究及评价 [J]. 植物科学学报，2012，30（5）：519-527.

[29] 靳怡然，杜英峰，田婷婷，等. HPLC-PDA指纹图谱结合主成分分析评价不同产地冬凌草药材的质量 [J]. 中草药，2015，46（15）：2291-2295.

[30] 王坤，李可强，张振秋. 冬凌草高效液相指纹图谱研究 [J]. 中国现代应用药学杂志，2008，25（6）：509-512.

[31] 崔璨，陈随清. 不同产地冬凌草中迷迭香酸的含量比较 [C]. 第十届全国中药和天然药物学术研讨会，2009：205-208.

[32] 侯飞，高华. 冬凌草多糖的提取、分离及抗氧化活性研究 [J]. 中国生化药物杂志，2012，33（5）：619-622.

[33] 季宇彬，江剑，高世勇，等. 冬凌草甲素注射剂诱导人胃癌SGC-7901细胞凋亡及其机制研究 [J]. 中草药，2011，42（10）：2051-2055.

[34] Ikezoe T，Yang Y，Bandobashi K，et al. Oridonin，a diterpenoid purified from Rabdosia

rubescens, inhibits the proliferation of cells from lymphoid malignancies in association with blockade of the NF-KB signal pathways [J]. Molecular Cancer Therapeutics, 2005, 4 (4): 578.

[35] 潘炉台，姚娉，陈德媛. 习水产冬凌草化学成分研究 [J]. 贵州科学，1995 (4): 46-48.

[36] 刘晨江，赵志鸿. 冬凌草戊素的结构研究 [J]. 中国中药杂志，1997，22 (10): 612-613.

[37] 刘宏民，闫学斌. 冬凌草中的新二萜糖苷化合物 [J]. 合成化学，1997 (a10): 343-343.

[38] 刘延泽，侯建军，吴养洁. 冬凌草中一新的二萜成分——冬凌草辛素 [J]. 天然产物研究与开发，2000，12 (2): 4-7.

[39] 韩全斌，梅双喜，姜北，等. 冬凌草中的新对映—贝壳杉烷二萜化合物 [J]. 有机化学，2003，23 (3): 270-273.

[40] Huang S X, Zhou Y, Pu J X, et al. Cytotoxic ent -kauranoid derivatives from Isodon rubescens [J]. Tetrahedron, 2006, 62 (20): 4941-4947.

[41] Huang S X, Pu J X, Xiao W L, et al. ent -Abietane diterpenoids from Isodon rubescens, var. rubescens [J]. Phytochemistry, 2007, 68 (5): 616-622.

[42] Quan-Bin Han, Rong-Tao Li, Ji-Xia Zhang, et al. New ent-Abietanoids from Isodon rubescens [J]. Helvetica Chimica Acta, 2004, 87 (4): 1007-1015.

[43] Han Q, Jiang B, Zhang J, et al. Two Novel ent-Kaurene Diterpenoids from Isodon rubescens [J]. Helvetica Chimica Acta, 2003, 86 (3): 773-777.

[44] 王桂红，张雁冰，寇娴，等. 栾川冬凌草挥发油成分的GC-MS分析 [J]. 南阳师范学院学报，2004，3 (9): 45-46.

[45] 袁珂，王莉莉，吕洁丽. 冬凌草挥发油化学成分的GC-MS分析 [J]. 中草药，2006，37 (9): 1317-1318.

[46] 郑晓珂，李钦. 冬凌草水溶性化学成分研究 [J]. 天然产物研究与开发，2004，16 (4): 300-302.

[47] 郑晓珂，李钦. 冬凌草中酚酸类化学成分研究 [J]. 中国药学杂志，2004，39 (5): 335-336 .

[48] Feng W S, Li Q, Zheng X K, et al. A new alkaloid from the aerial part of Rabdosia rubescens [J]. Chinese Journal of Natural Medicines, 2007, 5.

[49] 尹锋，梁敬钰，刘净. 冬凌草化学成分的研究 [J]. 中国药科大学学报，2003，34 (4): 302-304.

[50] 刘净，谢韬，魏秀丽，等. 冬凌草化学成分的研究 [J]. 中草药，2007，2 (1): 276-279.

[51] 吴兆华，吴宜艳，曹艳丽，等. 冬凌草中一个苯丙醇酯新化合物（英文）[J]. 天然产物研究与开发，2009，21 (4): 553-555.

[52] 李高申，张伟，彭涛，等. 冬凌草抗菌活性成分研究 [J]. 世界科学技术-中医药现代化，

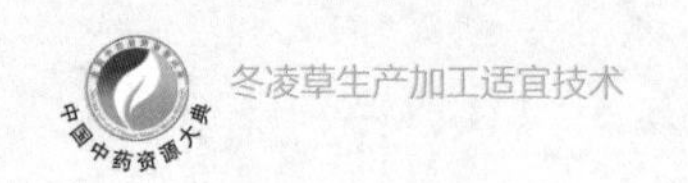

2014（3）：610-613.

［53］宋发军，吴士筠，梁建军. 巴东冬凌草的抗菌活性研究［J］. 中南民族大学学报（自然科学版），2004，23（4）：9-11.

［54］陈姗. 以冬凌草提取物为主成分的局部抗菌外用药的研究［D］. 河南科技大学，2013.

［55］季宇彬，江剑，高世勇，等. 冬凌草甲素注射剂诱导人胃癌SGC-7901细胞凋亡及其机制研究［J］. 中草药，2011，42（10）：2051-2055.

［56］葛铭，马用法，张中兴，等. 冬凌草甲素和乙素对人肝癌BEL-7402细胞株杀伤作用的研究［J］. 中国药学杂志，1981，16（5）：262-265.

［57］张俊峰，陆敏强，蔡常洁，等. 冬凌草甲素对人肝癌BEL-7402细胞的增殖抑制作用研究［J］. 中华肿瘤防治杂志，2006，13（15）：1131-1133.

［58］张俊峰，陆敏强，刘加军. 冬凌草甲素对人肝癌BEL-7402细胞的增殖抑制作用及其作用机制［J］. 中成药，2006，28（9）：1325-1329.

［59］张俊峰，刘加军，陆敏强，等. 冬凌草甲素抑制人肝癌BEL-7402细胞生长及诱导细胞凋亡的机制研究［J］. 中草药，2006，37（10）：1517-1521.

［60］崔侨，田代真一，小野寺敏，等. 冬凌草甲素通过诱导人宫颈癌HeLa细胞自噬下调凋亡的机制［J］. 药学学报，2007，42（1）：35-39.

［61］张涛. 冬凌草甲素抗乳腺癌作用及机理研究［D］. 吉林大学，2012.

［62］车宪平，韩瑞发，肖劲逐，等. 冬凌草甲素和冬凌草多糖膀胱灌注治疗C57BL/6小鼠膀胱肿瘤的疗效及机制［J］. 中国病理生理杂志，2010，26（7）：1410-1412.

［63］王一飞，江金花，王庆端，等. 冬凌草多糖的抗肿瘤及其免疫增强作用［J］. 中国病理生理杂志，2002，18（11）：1341-1343.

［64］刘明月. 冬凌草甲素对人结肠癌HCT-8细胞株的抑制生长及诱导凋亡的作用［D］. 郑州大学，2004.

［65］柳悄然，张在云，于晓明，等. 冬凌草甲素对人肺癌NCI-H460细胞侵袭和迁移的影响［J］. 中国病理生理杂志，2014，30（8）：1497-1513.

［66］尹波，李志伟，张弩，等. 冬凌草甲素对C6大鼠脑胶质瘤裸鼠异种移植模型的抗肿瘤疗效研究［J］. 肿瘤学杂志，2014，20（1）：34-39.

［67］刘加军，李桥，潘祥林，等. 冬凌草甲素对白血病NB4细胞的诱导凋亡作用及其机制［J］. 中草药，2005，36（8）：1189-1193.

［68］张俊峰，刘加军，陈规划，等. 冬凌草甲素对急性白血病原代细胞的增殖抑制作用［J］. 热带医学杂志，2006，6（3）：256-259.

［69］郭勇，单卿卿，龚玉萍，等. 冬凌草甲素对急性单核细胞白血病细胞株THP-1的作用研究［J］. 临床误诊误治，2015，28（4）：108-112.

[70] 吴孔明，张覃沐．冬凌草甲素对肿瘤细胞钠泵活性的影响［J］．肿瘤防治研究，1994，21（4）：208–209．
[71] 李瑛，张覃沐．冬凌草甲素对小鼠肿瘤细胞核苷酸代谢的影响［J］．中国药理学报，1987；8（3）：271–274．
[72] 谢晓原，陈俊辉，王少彬，等．冬凌草甲素诱导人食管癌SHEE细胞凋亡及其线粒体改变［J］．现代肿瘤医学，2008，16（6）：907–910．
[73] 刘俊保，岳静宇，唐引引．冬凌草甲素对EC9706细胞增殖、凋亡的影响［J］．郑州大学学报（医学版），2014（1）：8–11．
[74] 刘加军，黄仁魏，潘祥林，等．冬凌草甲素对HL–60细胞的诱导凋亡作用及其作用机制（英）［J］．中成药，2004，26（12）：1027–1031．
[75] 王筠，刘清芸，华海婴，等．冬凌草甲素诱导HL–60细胞凋亡［J］．中国药理学通报，2001，17（4）：402–404．
[76] 李银英，陈成群，张振中，等．2–甲氧基雌二醇联合冬凌草甲素对胃癌SGC–7901细胞增殖和凋亡的影响［J］．郑州大学学报（医学版），2016，51（5）：602–606．
[77] 杨胜利，韩绍印，张巧，等．冬凌草甲素抗突变性研究［J］．癌变畸变突变，2001，13（1）：8–9．
[78] 杨胜利，张巧，宋爱云，等．冬凌草甲素对大鼠肺及肝原代细胞非程序DNA合成的影响［J］．郑州大学学报（医学版），2001，36（4）：415–416．
[79] 李琦，刘洁，陈正．冬凌草甲素对家兔血流动力学的影响及其机理研究［J］．吉林大学学报（医学版），1994（2）：128–129．
[80] 徐霞，张小莉，闫素清，等．冬凌草甲素等二萜类化合物的抗氧化作用［J］．海峡药学，2002，14（6）：28–31．
[81] 秦方园．冬凌草甲素通过激活Nrf2通路保护肝细胞的研究［D］．河南大学，2009．
[82] 姚会枝．冬凌草提取物肝脏保护作用［D］．河南大学，2010．
[83] 左海军，李丹，吴斌，等．冬凌草的化学成分及其抗肿瘤活性［J］．沈阳药科大学学报，2005，22（4）：258–262．
[84] 国家药典委员会．中华人民共和国药典［M］．中国医药科技出版社，2015．
[85] 李静一．野生冬凌草资源分布调查、开发与保护［J］．河南林业科技，2004，（3）：48–50．
[86] 郭萍，李玉山，郭远强．冬凌草化学成分和药理活性研究进展［J］．药物评价研究，2010，（2）：144–147．
[87] 贾星远．不同激素对冬凌草花瓣愈伤组织的诱导及其次生代谢产物的影响［J］．中国现代中药，2015，（4）：379–381、394．
[88] 李冬杰，魏景芳，鲁绍伟，等．不同植物激素对冬凌草愈伤组织增殖及褐化的影响［J］．水

土保持研究，2006，(3)：149–150.

[89] 李景原，王太霞，杨相甫，等. 冬凌草愈伤组织诱导及细胞培养的研究［J］. 中草药，2000，(12)：938–941.

[90] 徐莉莉，聂世现，黄文静，等. 冬凌草组织培养及其愈伤组织诱导研究［J］. 生物学杂志，2010，(3)：24–26.

[91] 苏秀红，董诚明，王伟丽，等. 冬凌草组织培养物中主要次生代谢产物积累动态的研究［J］. 中国中药杂志，2008，(9)：1080–1083.

[92] 苏秀红，董诚明，王春雷，等. 冬凌草离体培养体系的建立及主要次生代谢产物的测定［J］. 西北植物学报，2008，(2)：2310–2316.

[93] 董诚明，苏秀红，王伟丽. 氮碳源对冬凌草再生植株生长及次生代谢产物的影响［J］. 西北植物学报，2009，(3)：494–498.

[94] 周友红，马瑜，呼海涛. 氮源、碳源对冬凌草愈伤组织生长及迷迭香酸积累的影响［J］. 中医学报，2010，(5)：919–922.

[95] 李汉伟，苏秀红，董诚明，等. 氮源和碳源对冬凌草愈伤组织生长及迷迭香酸的积累的影响［J］. 时珍国医国药，2010，(6)：1348–1350.

[96] 张艳贞，董诚明，苏秀红，等. 稀土元素对冬凌草愈伤组织生长及冬凌草甲素、乙素含量的影响［J］. 中国实验方剂学杂志，2013，(3)：132–135.

[97] 曹利华，董诚明，张艳贞，等. 稀土元素对冬凌草再生植株生长的影响［J］. 中国现代中药，2014，(12)：1006–1009.

[98] 苏秀红，董诚明，史应强，等. 离体条件下培养物中冬凌草甲素积累与其组织结构关系［J］. 中国实验方剂学杂志，2014，(3)：86-90.

[99] 董诚明，曹利华，苏秀红，等. 稀土元素镧和铈对冬凌草再生植株生长及次生代谢产物的影响［J］. 广西植物，2015，(3)：437-441.

[100] 董诚明. 不同光质对冬凌草愈伤组织生长和次生代谢产物的影响［A］. 中国植物学会药用植物及植物药专业委员会、新疆植物学会. 第七届全国药用植物和植物药学术研讨会暨新疆第二届药用植物学国际学术研讨会论文集［C］. 中国植物学会药用植物及植物药专业委员会、新疆植物学会：，2007：3.

[101] 苏秀红，董诚明，王伟丽. 光质对冬凌草再生植株生长及次生代谢产物的影响［J］. 时珍国医国药，2010，(12)：3278–3279.

[102] 孟灿. 不同培养条件对冬凌草悬浮细胞中冬凌草甲素、乙素生物合成的影响研究［D］. 河南中医学院，2014.

[103] 刘晨，李冬杰，李楠，等. 稀土元素对冬凌草细胞合成冬凌草甲素的影响［J］. 安徽农业科学，2009，(13)：5965–5966、5969.

[104] 陈随清，尹磊，宋君，等. 不同产地冬凌草种质资源分子生物学分析 [J]. 亚太传统医药，2016，(16)：5-9.

[105] 苏秀红，李庆磊，陈随清，等. 冬凌草转录组SSR位点分析及多态性初步评价 [J]. 北方园艺，2016，(4)：93-96.

[106] Rohmer M. The discovery of a mevalonate-independent pathway for isoprenoid biosynthesis in bacteria, algae and higher plants [J]. Nat Prod Rep，1999，16 (5)：565-574.

[107] 朱畇昊，苏秀红，董诚明，等. 冬凌草AACT基因的克隆与表达分析 [J]. 中药材，2016，(1)：37-41.

[108] 朱畇昊，狙梦航，苏秀红，等. 冬凌草HMGS基因的克隆与表达分析 [J]. 作物杂志，2016，(5)：25-30.

[109] 苏秀红，尹磊，陈随清. 冬凌草异戊烯基焦磷酸异构酶基因（IDI）克隆与分析 [J]. 北方园艺，2016，(12)：80-85.

[110] 尹磊. 冬凌草二萜类物质合成途径中相关功能基因分析 [D]. 河南中医药大学，2016.

[111] 曹利华. 冬凌草不同类型农艺性状比较与品质分析 [D]. 河南中医学院，2015.

[112] 赵侯明. 冬凌草核型分析及高秆野生稻与宽叶野生稻基因组FISH分析 [D]. 中南民族大学，2008.

[113] 谢珍茗，何建峰，余林，等. 冬凌草甲素分子印迹聚合物的制备及分子识别性能研究 [J]. 化学研究与应用，2011，(10)：1349-1352.